유스티노 신부의

치유의 순례기 1

유스티노 신부의

치유의 순례기 1

교회인가 2020. 8. 19.

글쓴이 김평만

1판 1쇄 인쇄 2020. 9. 5.
1판 2쇄 발행 2024. 9. 29.

펴낸곳 예지 | **펴낸이** 김종욱
표지 · 편집 디자인 예온

등록번호 제 1-2893호 | **등록일자** 2001. 7. 23.
주소 경기도 고양시 일산동구 호수로 662
전화 031-900-8061(마케팅), 8060(편집) | **팩스** 031-900-8062

Published by Wisdom Publishing, Co.
Printed in Korea

ISBN 979-11-87895-19-0 03980

예지의 책은 오늘보다 나은 내일을 위한 선택입니다.

유스티노 신부의

치유의 순례기 ❶

이탈리아 성지순례 이야기

글쓴이 김평만

이 책을 유학시절 은사이신 예수회 루이스 후라도 신부님을 비롯하여
20년간 인연을 이어 온 옛 수유동 본당 주일학교 선생님들,
발달장애아 부모님들,
그리고 돌아가신 저의 부모님께 바칩니다.

추천사 1

《치유의 순례기》를 추천하면서

유수일 F. 하비에르 주교

가톨릭대학교 의과대학 교수와 가톨릭중앙의료원(CMC) 영성구현실장 직분을 수행하시면서 한국가톨릭의료협회 산하 '가톨릭원목자협회' 회장직을 맡아 수고하시는 서울대교구 김평만 신부님께서 쓰신 성지순례 체험기《치유의 순례기》를 읽었습니다. 저는 주교회의 보건사목을 담당하고 있어 자연히 김평만 신부님과 만남을 갖게 되었습니다. 몇 년 전에는 많은 원목자들의 소원이었던 '가톨릭원목자협회' 설립이 실현되는 축복을 누리게 되었는데 이 설립에는 그 누구보다 김평만 신부님의 헌신적 수고가 절대적인 힘이 되어 주었습니다.

저는 이제 나이가 들어서인지 눈이 쉽게 피로해져 긴 분량의 책을 읽으려면 여러 날이 걸리는데 이 성지순례기는 너무도 재미있고 신앙생활에 유익하여 단번에 읽어 냈습니다. 이 성지순례 체험기는 여행 가이드의 소개 수준을 넘어 개인 체험과 지식이 훌륭히 추가되었고, 무엇보다 영성 신학자로서의 김 신부님이 각 성지와 명소가 주는 그리스도교 영성의 교훈과 역사의 교훈을 깊고도 순수한 묵상 차원에서 기록하신 것이어서 저에겐 한순간 스쳐 지나가는 느낌으로서의 교훈이 아니고 오래오래, 제 영혼 속에 남아 깨침과 감동을 줄 교훈들이라는 생각을 하게 되었습니다.

이번 성지순례는 김 신부님이 1998년 11월부터 1999년 12월까지 1년여의 짧은 기간 서울 수유동 본당 보좌신부로 봉직하실 때 인연을 맺어 지금까지 친교를 지속해 온 신자들과 함께 한 순례였습니다. 한 명도 아닌 여러 명의 신자들과 이토록 오래 친교를 유지하는 것이 쉬운 일이 아닌데 김 신부님과 이 본당 신자들의 신앙 안에서의 깊은 사랑의 유대가 있었기에 가능했다고 봅니다.

김 신부님은 2000~2006년 로마 그레고리안 대학에서 영성신학을 공부하시고 박사학위 취득 후 귀국하자마자 가톨릭중앙의료원에 소속되어 의과대학 강의를 시작하셨고, 지금도 계속하고 계십니다. 김 신부님은 7년 전 이들 신자로부터 이탈리아 성지순례를 하고 싶다는 요청을 받으시고는 신자들 편에서는 순례 비용 준비로 인해, 김 신부님 편에서는 바쁜 일과로 인해 2020년 1월에 와서야 힘들게, 그러나 매우 뜻깊은 순례의 여정에 오를 수 있었습니다. 저는 김 신부님의 이번 외국 순례를 모른 채 급한 원목자협회 일로 한국 시간으로 오전에, 그러나 이탈리아 시간으로는 새벽에 전화를 드려 신부님의 곤한 잠을 깨운 죄송함이 지금도 남아 있습니다.

김 신부님 일행이 순례한 이탈리아의 성지와 명소들은, 제가 저희 수도회(작은형제회 혹은 프란치스코수도회)의 아시아-태평양 지역 대표 총평의원으로 6년간 로마에서 일했기에 이미 여러 차례 가 본 곳들이라 친숙한 장소들이지만, 또 성 프란치스코의 고향인 아시시는 저에겐 우리 주님의 땅 이스라엘과 사도 성 베드로와 성 바오로의 순교지인 로마 다음으로 중요한 성지이지만 김 신부님의 순례기를 읽고 나서 새로운 사실을 많이 알게 되었고, 그 장소들이 지닌 신앙과 문화의 의미를 더욱 상세히 알게 되었습니다.

저는 김 신부님이 순례자들과 함께 성지 아시시 순례를 마치고 피렌체로 떠나면서 남기신 다음 말씀이 제 마음 깊이 스며드는 것을 느꼈습니다.

"요즘 코로나19의 창궐로 '사회적 거리두기' 운동이 한창이다. 전염병을 예방하기 위해 '사회적 거리두기'가 필요하다면 하느님을 우리 영혼에 모시기 위해서는 '세속과 거리두기'가 필요하다. 예컨대 세속적인 가치와 일정한 거리두기, 세상의 물질이나 재화들에 대한 탐욕과 거리두기, 마음에서 발동하는 욕정들과 거리두기, 헛된 명예나 영광을 좇는 삶에서 거리두기 등이 요구된다.

반면에, 하느님께는 좀 더 가까이 다가가는 '영성적 거리 좁히기'가 필요하다. 이를 통해 우리의 영혼이 재건되어야 그 안에 하느님을 모실 수 있다. 가정과 교회, 그리고 사회의 복음화 원리도 바로 우리 영혼의 집안 대청소인 '세속과의 거리두기'에서 시작되어야 한다. 우리의 영혼이 하느님이 거처하시는 온전한 '집'이 되었을 때 우리에게 비로소 '향주삼덕'인 믿음, 소망, 사랑이 넘치는 '하느님 나라'가 임하게 될 것이다."

김 신부님의 성지순례는 대부분 이탈리아에서 이루어졌고 나머지 이틀은 스위스와 프랑스 파리 순례 및 여행이었는데, 김 신부님은 아름다운 알프스산맥의 몽블랑을 바라보며 이렇게 기록하셨습니다.

"대자연의 웅대함과 설산의 비경을 마주하는 순간, 필자는 우리가 죽으면 가게 될 천국의 모습을 그려 보았다. 베드로 사도가 다볼산에서 얼굴은 해처럼 빛나고 옷은 빛처럼 하얘진 예수님의 변모된 모습을 보고 초막 셋을 지어 머무르자고 한 것처럼(마태 17, 1-9), 은은하게 전해져 오는 따스한 햇볕과 대자연의 위엄이 천국의 소망을 꿈꾸는 필자의 가슴을 출렁이게 하였다."

아름다운 대자연을 바라보면서도 신앙의 눈으로 미래에 다가올 천국의 아름다움을 생각하셨고, '예수님의 거룩한 변모'도 묵상하셨습니다.

저는 김평만 신부님의 《치유의 순례기》가 애독되고, 읽는 분마다 순례 정보만이 아니라 영혼의 양식, 크리스천 영성의 양식을 풍성히 얻는 은혜를 누리게 되길 희망하고 기도합니다.

2020년 8월 15일 성모승천대축일에
군종교구장, 주교회의 보건사목 담당
유수일 F. 하비에르 주교

추천사 2

《치유의 순례기》를 추천하면서

이동익 신부

"이 도시가 헤아릴 수 없이 오랜 세월 세계의 여주인이 되게 하소서. 동양과 서양을 그 지배 아래 두게 하소서."

로마의 건국 시조인 로물루스가 로마를 건국하면서 신께 바친 기도이다. '로마(Roma)'는 '로물루스(Romulus)의 땅'을 의미한다고 한다. 기원전 753년 로물루스에 의해 세워진 그의 땅 로마는 그의 기도처럼 그야말로 오랜 세월, 그 시초부터 오늘날까지 3000년 가까이 세계의 주인으로 우뚝 서 있다. 전 세계를 힘으로 지배했던 1200년 세월의 로마제국, 그리고 이후 그리스도교의 영적 지배. 오늘날까지 빛 바래지 않고 세계를 이끌어 왔고, 또 이끌어 가고 있는 로마의 위력은 이 세계의 주인이라 해도 전혀 손색이 없지 않은가?

김평만 신부님의 성지순례 이야기를 읽으면서 신부님의 발이 닿는 곳곳에서 로마의 위대함, 교회의 위대함, 성인들의 위대함과 하느님 사랑을 함께 느낄 수 있었다. 나 자신도 그곳에서 5년을 살았고, 유학을 마치고 귀국한 후에도 수십 번을 가 봤던 이탈리아였지만 신부님의 성지순례 이야기는 '꼭 다시 가 봐야지!' 하는 강렬한 마음을 불러일으켰다.

신부님은 '전설의 로마 가이드'라고 불릴 정도로 그 누구보다도 로마를 잘 알고 있는 분 같다. 로마를 잘 안다는 것은 로마의 문화는 물론 로마 전체에 스며들어 있는 가톨릭교회와 그 교회를 살아 움직이게 했던 성인(聖人)들의 삶을 깊이 있게 삶으로 배웠다는 의미일 것이다.

신부님의 학위논문 지도 신부님인 후라도 신부님은 전혀 일면식도 없는 나 자신도 잘 알고 있을 정도로 한국 신부님들에게는 너무 유명한 분이시다. 유독 한국 신부님들의 논문 지도를 좋아하셨고, 당신께 논문 지도를 받은 신부님들의 영적 지도까지 기꺼이 맡아 주셨다는 얘기를 들으면서 한참 부러워했던 기억이 난다. 영성 신학의 대가로서 학위논문 지도를 맡아 주셨다는 것은 당신이 지도하는 제자 신부님들에게 '영성은 지식으로서가 아니라 삶으로 드러나야 하는 것'임을 직접 보여 주시기 위함이라는 것. 아마 후라도 신부님께 논문 지도를 받은 신부님들은 신부님의 그 마음을 너무나 잘 알고 있을 것이다.

후라도 신부님이 "사제는 주일을 거룩하게 지내야 하는데 로마의 각 성당 성지순례를 통해 성인들의 삶을 배우고 그 삶을 닮도록 해야 한다"고 하시면서 매주일 제자들과 함께 로마 성지순례를 다니신 것도 신부님의 한 논문 지도 방법일 것이다. 그런 이유로 해서 김 신부님의 성지순례 이야기에서는 일반적인 성지순례에서는 듣고 느낄 수 없는 보석과도 같은 귀한 이야기들을 많이 접할 수 있다.

바오로 사도의 참수 성당인 트레 폰타네 마당에서 만날 수 있는 베르나르도 성인상 앞에 쓰인 "Ave Maria, Ave Bernardo!"가 어떤 일화를 포함하고 있는 인사인지, 로마의 관광지 중 가장 유명하다고 할 수 있는 나보나 광장이 아네스 성녀와 관련된 곳이라는 것, 아네스 성녀가 13세의 나이로 이곳에서 목이 잘려 순교하였고 그래서 이곳에 성 아네스 순교 성당이 세워지고 성녀의 두개골이 성당에 보존되어 있다는 것……. 나 자신도 로마 유학 시절 나보나 광장에서 수십 번이나 산보하면서 커피도 마셨고 베르니니 조각상을 감상하며 감탄도 하였지만 아네스 성당에 들어가 본 적이 한 번도 없으니, 다음에 로마에 간다면 꼭 그곳에 들러 성녀 아네스의 전구를 청해야겠다.

성지순례 중 김 신부님의 매일 미사 강론은 신부님의 영성을 조금이나마 맛볼 수 있는 귀한 샘물이었다. 주님 봉헌 축일에 봉헌한 도미틸라 카타콤바에서의 미사 강론에서 '봉헌의 삶'이 단순히 수도자들만이 살아야 하는 삶이 아니라 우리 모두가 살아야만 하는 삶이라는 말씀……. 왜냐하면 하느님께 우리 자신을 봉헌함으로써 우리 자신이 하느님의 소유라는 것이 드러나기 때문이라는 것이다. 나 자신이 하느님의 소유라는 것을 늘 잊지 않고 살아왔지만 그 소유됨을 드러내는 것은 매일매일의 봉헌된 삶을 통해서라는 것을 다시 한 번 깊이 깨달을 수 있었다.

김 신부님은 예술 작품에 대해서도 일가견이 있으신 분 같다. 나보나 광장 근처 성 루이지 성당의 한 경당에 그려진 카라바조의 〈마태오를 부르심〉, 〈영감을 받아 성경을 쓰는 마태오〉, 〈마태오의 순교〉, 세 작품에 대한 신부님 나름의 해석은 매우 마음에 와닿았다.

> "'나를 따르라'는 예수님의 부르심은 무작정 따르는 데 있지 않고 내면의 변화를 거친다. 첫 번째 따름은 우선 예수님의 부르심을 받고 자신이 애착하고 있는 세계로부터 새로운 가치의 세계로 향해 가는 회심이다. 우리는 어떤 계기를 통해 세례를 받았다. 필자도 세례를 받게 된 계기가 있었다. 농부가 되고 싶다는 장래 희망이 고1 때《천국의 열쇠》라는 책을 읽고 사제가 되겠다는 강렬한 열망으로 바뀌었고, 이를 계기로 세례를 받게

되었다. 두 번째 따름은 매일매일의 생활로서 예수님의 부르심을 따르는 것이다. 생활로서 부르심을 따른다는 것은 매일매일의 생활 안에서 선택하고, 결정하고, 행동하는 것을 예수님의 방식으로 하는 것을 의미한다. 이 단계에서 우리는 예수님의 부르심을 제대로 따르지 못한다. 우리는 과연 어떤 기준으로 매일매일 선택하고, 결정하고, 실행하고 있는가?"

시스티나 성당에 그려진 미켈란젤로의 〈최후의 심판〉 벽화를 통해 신부님이 묵상하는 '우리는 어디서 왔는가?', '우리는 누구인가?', '우리는 어디로 가는가?' 3가지 질문에 대한 답은 그리스도교 영성의 핵심이며 기본을 잘 설명하고 있다. 궁극적으로 나와 하느님과의 올바른 관계 정립이 정답이다. 김 신부님은 유한한 시간 속에 갇혀 있는 우리는 영원이신 하느님과 관계를 맺음으로써 유한한 시간의 한계를 뛰어넘어 영원 속으로 나아갈 수 있으며, 우리의 삶은 '나의 초월'을 향해 성숙해져 가는 과정이라고 설명한다. 김 신부님이 공부하고 살아가고 있는 하느님 영성의 핵심이다.

피렌체 아카데미 박물관에 전시된 다비드상, 미완성 피에타들을 조각한 미켈란젤로의 작업 방식에 대한 김 신부님의 설명은 미켈란젤로가 천재적인 예술가이면서 동시에 탁월한 영성가라는 사실을 잘 알려 주고 있다. 특히 5m 높이의 어마어마한 대리석을 조각해 나가는 과정을 잘 들여다볼 수 있는 미완성 피에타의 뒷면은 아직 손도 대지 않은 사면체 대리석의 모습을 그대로 보여 주고 있지만 앞면은 성모님이 십자가에서 내려진 예수님을 부둥켜안고 비통해하는 아주 사실적인 모습을 묘사하고 있다.

미켈란젤로는 그 커다란 통 대리석에서 성모님과 예수님의 모습은 그대로 두고 불필요한 부분만 쪼아 내는 방식으로 그 섬세함을 표현했다고 한다. 미켈란젤로가 표현하는 통찰력은 무엇보다도 불필요한 것을 하나둘 제거하면서 본질적 형상만 남겨두는 방식에서 드러나고 있다. 나 역시 사진작가로서 수십 년간의 사진 작업을 통해 배워 온 것은 내가 표현하고자 하는 대상이 설정되면 가장 먼저 그 대상의 특징을 방해하지 않도록 불필요한 것을 피하고 제거하는 방식으로 피사체를 표현한다는 것이다. 내가 표현하고자 하는 것에 시선을 분산시키는 방해물이 함께 들어 있다면 좋은 작품이라고 할 수 없기 때문이다. 그래서 좋은 작품을 위해 그 방해물을 제거하는 것은 너무나 당연한 일이다.

루카복음 10장의 '마리아와 마르타' 이야기에서 예수님은 마르타를 향해 "마리아는 좋은 몫을 택했다", "필요한 것은 오직 한 가지뿐"이라고 말씀하시지 않는가? 나는 예수님을 따른다고 하면서 '예수님을 따르는 데 그리 필요하지 않은 것들'을 너무 많이 가지고 있다. 그래서 한시라도 빨리 필요하지 않은 것들을 덜어 내야 한다는 것, 그것이 앞으로의 사제 생활에서 가장 큰 숙제이다. 이러한 나에게 훌륭한 작품을 완성하기 위해 필요하지 않은 것들을 과감하게 깎아 내 버린 미켈란젤로는 또 한 사람의 영적 스승이 되었다.

마지막으로 음식 이야기를 빼놓을 수 없다. 김 신부님은 성지 순례 중간중간에 이탈리아 음식에 대해서도 빼놓지 않고 얘기한다. 신부님께서 로마에서 공부할 당시를 회상하며 마신 카푸치노 한 잔에서 내가 로마에서 즐겨 마셨던 카푸치노 향을 함께 느껴 보았다.

신부님은 피렌체의 명소 한곳을 소개하고 있는데 나도 다음에 그곳에 꼭 들를 생각으로 그 장소를 메모해 두었다. '피에솔레'. 피렌체 외곽 작은 산 위의 마을인데 피렌체를 한눈에 내려다볼 수 있을 뿐만 아니라 황홀한 석양을 감상할 수 있는 명소이다. 물론 그곳에서 피렌체의 특식이라고 할 수 있는 피렌체식 스테이크(피오렌티나)도 맛볼 수 있을 것이다. 식사 비용이 조금 비싸다곤 하지만 꼭 그곳에 가서 일몰도 보고 맛난 음식도 먹어야겠다.

신부님은 또 로마 유학 당시 가끔 함께 살던 신부님들과 기숙사 근처 식당에서 호박꽃 튀김을 주문해 먹었다는데 그것이 어떤 음식인지 잘 알지는 못하지만 그 식당이 어느 식당인지는 알고 있으니 훗날 그곳에 가면 꼭 맛보아야겠다.

독일의 문호 괴테(Johann Wolfgang von Goethe: 1749-1832)는 20개월 동안의 이탈리아 여행을 끝내고 "익은 사과가 나무에서 떨어지는 것과 같은 필연적인 여정"이었다고 소회한다. 이탈리아를 여행함으로써 마침내 괴테는 성장의 정점을 이루었고, 이후 일생의 전환기를 돌아 대작들을 남기게 된다[요한 볼프강 폰 괴테 지음, 안인희 옮김(2016),《이탈리아 여행》, 지식향연, 7쪽 참고]. 괴테는 이탈리아 여행 중 로마를 돌아다보고 이렇게 말한다.

"통상적인 개념을 훨씬 넘어서는 장엄함의 흔적과 파괴의 흔적을 여기서 만난다. 야만인들이 훼손하지 않고 남겨놓은 것을 새로운 로마를 건설하는 사람들이 훼손했다." (같은 책, 213쪽)

김 신부님의 성지순례 이야기는 적어도 지난 2000여 년의 역사 안에서 창조와 파괴를 거듭하면서 다다른 오늘의 이 시점에서 내가 보존하고 더해 나갈 창조의 과제를 발견하도록 이끌어 줄 소중한 기록이라고 여겨진다. 로마의 정신과 그리스도의 유산이 우리에게 남겨 준 현장을 함께 느끼고 새로운 다짐을 하도록 나를 자극하는 이야기들이다. 로마에 수십 번 가 봤어도 잘 들어 보지 못했고 느끼지 못했던 소중한 이야기들을 통해 이탈리아와 성인들의 숨결을 새롭게 호흡할 수 있었다.

아마 이 책을 읽는 독자들은 '이 책을 안내서로 삼아 이 여정을 따라가 봐야지!' 하고 결심할지도 모르겠다. 나 역시 줄곧 그런 생각이 떠나지 않았으니까!

2020년 8월 15일 성모승천대축일에

방배4동 성당 주임

이동익 신부

《치유의 순례기》가 빛을 보기까지

김평만 유스티노 신부

이 책이 빛을 보게 된 건 지금까지 저를 이끌어오신 주님의 은총 덕분입니다. 더불어 많은 격려와 도움을 아끼지 않으신 분들께 이 지면을 빌려 감사의 말씀 전하고자 합니다. 우선 바쁘신 가운데도 저의 졸작을 꼼꼼히 읽어 주시고 제게 과분한 추천사를 써 주신 주교회의 보건사목 담당이시며 군종교구장이신 유수일 주교님께 깊은 감사를 드립니다. 주교님께서는 한국가톨릭원목자협회 일로 뵈올 때마다 늘 몸에 밴 겸손함으로 그리고 따뜻한 배려로 제게 다가오셨습니다.

더불어 이 책의 또 다른 추천사를 기꺼이 써 주신 방배4동성당 주임이신 이동익 레미지오 신부님께도 깊이 감사드립니다. 이

신부님께서는 신학교 시절 교수 신부님으로서 제게 가르침을 주셨고, CMC의료원장으로 재직하실 당시 의과대학 옴니버스 교육과정이 안착될 수 있도록 지지와 조언을 아끼지 않으셨습니다.

제 인생의 벗으로서 늘 위로가 되어 주셨고 저와의 만남과 인연을 소중하게 여기시어 이번 순례에 함께해 주신 과거 수유동 주일학교 어머니 선생님들과 이성호 청소년분과장님 부부, 그리고 여행길에 동반하신 소회와 과거의 인연을 소중한 글로써 표현해 주신 남호우 스테파노 가톨릭의대 교수님, 노종숙 사비나 수녀님, 그리고 송수임 스텔라 선생님, 장영섭 대건 안드레아 선생님께도 감사를 드립니다.

끝으로 제 졸저가 한 권의 책으로 출간되기까지 수정 · 보완해 주신 윤성혜 카타리나 선생님과 편집과 출판 등을 위해 정성을 다해 주신 예지 출판사 김종욱 플로라 사장님을 비롯한 모든 편집진께도 감사드립니다.

2020년 8월 15일 성모승천대축일에
반포단지 성의교정에서
김평만 유스티노 신부

차례

"신부님, 우리 계 탔어요!"

필자는 1998년 11월에서 1999년 12월까지 수유동 보좌신부로 봉직하였다. 짧은 1년이었지만 그곳에서 맺은 신자들과의 인연이 지금까지도 계속되고 있다. 특히 당시 초등부 주일학교 교사를 맡았던 '젊은 어머니들'과의 만남은 특별하다. 당시 그분들은 당신 자녀들의 신앙교육을 책임져야 한다는 마음으로 주일학교 교사로 열심히 봉사하셨다. 같은 목적을 향해 한마음으로 일하다 보니 비록 짧은 기간의 만남이었지만 서로 신뢰감이 깊었다.

보좌신부의 봉직 기간은 통상적으로 2년이다. 하지만 수유동 보좌신부 봉직 1년 만에 필자는 이탈리아 유학 발령을 받고 수유동 주일학교 선생님들과 아쉬운 이별을 해야만 했다. 그래도 유학 기간 가끔 편지를 주고받으며 교분을 이어갔다.

2006년 필자가 유학을 마치고 귀국하여 가톨릭중앙의료원(CMC)으로 발령을 받자 수유동 '선생님들'께서는 다시 모여 저의 귀국 환영 자리를 마련해 주셨고, 지금까지도 1년에 두세 차례 작은 모임을 갖고 서로 안부를 물으며 지내고 있다.

그러다 지금으로부터 7년 전 어느 날, 그분들이 이탈리아 성지순례를 가 보고 싶다고 제안하셨다. 6년간 이탈리아에서 체류한 경험이 있는 필자와 함께 성지순례 여행을 간다면 매우 유익하고 보람된 순례가 될 거라며 큰 기대감을 보이셨다. 선생님들의 제안에 바로 응답할 수 없는 처지였기에 좀 더 시간을 갖고 찬

20년 전 필자가 수유동 보좌신부 시절 주일학교 여름 행사 후
초등부 선생님들과 떠난 MT(학암포).

찬히 생각해 보자는 마음으로 그분들에게 한 가지 제안을 했다.

"순례를 하시려면 목돈을 마련하셔야 할 테니 지금부터 '계'를 들어 두신다면 3년 후쯤 성지순례 가실 수 있겠지요."

그분들도 바로 성지순례를 추진하는 것은 무리가 될 수 있다고 생각하셨는지 필자가 한 말을 진지하게 받아들이셨다.

그로부터 3년이 지난 어느 날, 한 선생님으로부터 연락이 왔다.

"신부님, 드디어 우리 계 탔어요!"

'성지순례 계'에 관해 무심코 했던 말을 까맣게 잊고 있던 필자는 전화를 받고서는 어렴풋이 3년 전 기억이 떠올랐다. "아하, 드디어 계를 타셨군요! 그럼 성지순례 날짜를 잡아서 연락드리겠습니다"라고 응답하고 전화를 끊었다. 그러고는 달력을 보며 10여 일 동안이나 여행을 떠날 수 있는 일정을 따져 보았다. 하지만 그 당시 여러 일들로 시간 내기가 쉽지 않았다. 어쩔 수 없이 선생님들께 성지순례 연기 양해를 구해야만 했다.

"지금 상황에서는 제가 도저히 성지순례 일정을 잡을 수 없으니 이번에 탄 곗돈은 다른 곳에 쓰시고 다시 한 번 계를 드시는 것이 어떨까요? 그러면 3년 후에는 꼭 성지순례 가도록 하겠습니다."

당시 선생님들은 필자의 처지를 잘 알고 있었기에 너그러운 마음으로 용서해 주셨고, 다시 '성지순례 계'를 드셨다.

또다시 성지순례 계획을 잊고 지내던 중 지난해 4월 대표 선생님으로부터 다시 연락이 왔다.

"신부님, 우리 계 탔어요!"

그 전화를 받았을 때 '이번에도 또다시 요청에 응하지 않는다면 20년 동안이나 이어 온 인연이 파국을 맞겠구나!' 하는 생각이 들었다. 그래서 이번에는 어떻게든 기필코 시간을 내야겠다고 다짐하였다.

2020년 1월 30일부터 2월 10일까지 학생들의 방학 기간을 이용해 10박 12일간의 성지순례 일정을 정했다. 그리고 성지순례를 위한 구체적인 준비에 돌입하였다. 우선 순례 인원을 정하였다. 과거 수유동 주일학교 교사와 그 부군들, 그리고 당시 본당 청소년 분과장으로 열심히 봉사했던 분과장님 부부, 청소년 사목을 담당했던 수녀님 등 총 24명의 순례단이 구성되었다. 이어서 성지순례를 담당할 여행사 측과 순례 코스를 정했다. 일반적인 코스보다는 과거 유학 시절 가 본 곳 중 의미 있다고 여겨지는 장소를 중심으로 순례 코스를 짰다. 그리고 자연경관이 아름답기로 이름난 이탈리아인 만큼 숨겨진 절경들도 순례 코스에 포함시켰다.

여행 전 두세 번의 사전 모임을 가졌고, 마침내 2020년 1월 30일 기다리고 고대하던 이탈리아 순렛길에 올랐다. 이번 '성지순례' 여행길은 예수님을 따르던 사도들이 겪었던 진정한 고통의 '순렛길'에는 결코 비할 바가 못 되지만 그 나름대로 의미를 찾을 수 있었다.

이번 여행은 필자가 사제로서 로마에서 보냈던 유학 생활을 다시 한 번 반추해 보고 감사하는 시간이 되었다. 특히 20여 년간 이어 온 수유동 교사 어머니들과의 인연을 통해 제게 베풀어 주신 주님의 은총을 다시 한 번 깊이 생각해 보는 시간이었다. 오랫동안 이어져 온 선생님들과의 만남은 그 자체로서 축복이었다. 유학 이후 줄곧 '본당 사목'이 아닌 '기관 사목'에만 머물렀던 필자에게는 이처럼 옛 본당 신자들과의 순수한 만남과 교류의 기회는 소중하고 값진 선물이다. 특별히 이번 '성지순례' 여행을 통해 주님께서는 우리의 만남을 더욱 축복하시고, 필자가

20년 전 초등부 주일학교 선생님들과 수녀님, 그리고 필자(가운데).

유학 중 가졌던 소중한 경험을 주일학교 선생님들과 나눌 수 있는 기회를 허락하셨다.

"선생님들! 그동안 저를 무조건 신뢰해 주시고 기도해 주심에 감사드립니다. 그리고 향후 우리들의 만남 30주년을 기념하기 위한 또 다른 '성지순례 계'를 들어 보시는 것이 어떨까요? 30주년 성지순례는 걷기가 필수이니 늘 건강 잘 챙기시고요."

‘전설의 로마 가이드’

지난해 약 6개월 동안 틈틈이 짬을 내어 준비해 온 ‘성지순례’ 여행 출발 당일, 정오에 우리 일행은 인천공항 출국장에 집결하였다. 대부분 이탈리아 성지순례 여행이 처음인 일행의 사뭇 상기된 표정에서 약간의 불안감도 엿볼 수 있었다. 하필 우리가 출발하던 때가 중국에 ‘코로나19’가 창궐하여 우한이 세계보건기구(WHO) 여행금지 지역으로 지정된 시점이었기 때문이다.

그러나 그날만 하더라도 국내 확진자 수는 아직 한 자릿수였고, 이탈리아의 경우 중국인 거주자 2명이 확진자로 밝혀져 중국발 항공편에 대해서만 입국금지 조치를 내린 상태였다. 혹시 여행 중 우리를 중국인으로 오인하지나 않을까 염려하여 태극기 마크를 구해서 각자 가방이나 옷에 부착했다. 그 덕분이었는지 이탈리아 여행 내내 현지인으로부터 약간의 경계심은 느낄 수 있었지만 특별한 일은 발생하지 않았다. 정작 여행을 마치고 귀국 후 2주쯤 지난 시점부터 이탈리아 현지로부터 심각한 감염 소식이 들려왔다.

지금으로부터 20년 전 필자는 이탈리아 유학길에 오르기 위해 이번처럼 로마행 비행기를 타러 공항에 갔다. 인천공항이 아직 개통되지 않은 때라 2000년 1월 김포공항에서 로마로 출국했던 날에 대한 기억이 생생하다.

1999년 11월 유학 발령을 받고 본당을 떠나야 했지만 당시 주

우리 일행은 코로나19에 대비해 마스크, 손 소독제, 비타민 등을 준비하고 인천공항 출국장에 집결하였다.

임신부님의 배려로 출국하는 날까지 수유동성당에 있는 작은 방에서 기거하였다. 출국일 아침에는 이번 여행에 동참한 당시 주일학교 어머니 '선생님들'을 포함한 많은 신자들이 본당 앞마당까지 나와 떠나는 필자를 따뜻하게 환송해 주었다. 그만큼 수유리 본당은 짧은 1년간의 사목 생활이었지만 많은 분과 작별의 아쉬움이 컸던 곳이다.

신자들이 베풀어 주는 많은 사랑과 배려를 받고 살다가 학생 신분으로 살아가는 유학 생활이 처음에는 적응하기 힘들었다. 피렌체 어학원에서 언어 공부를 마치고 로마 그레고리안 대학교에 등록하러 가던 날, 로마 유학 중이던 선배 신부님께서 필자를 그레고리안 대학 영성학부 학장 신부님께 안내해 주셨다. 그분이 바로 나의 유학 생활 6년 동안 석박사 학위 논문을 지도해 주셨고 영성 지도까지 도맡아 해 주신 잊지 못할 스페인 출신 예수회 신부님이셨다. 그 지도 신부님 덕분에 학업을 잘 마칠 수 있었다고 해도 과언이 아니다. 덤으로 '전설의 로마 가이드'라는 애칭까지 얻게 되었는데 그런 호칭을 얻게 된 배경은 이렇다.

지도 신부님과의 첫 만남 이후 학교 수업이 시작되지도 않았는데 영성 지도를 받음으로써 신부님과의 인연은 시작되었다. 학교생활이 어느 정도 익숙해졌을 때 지도 신부님은 필자에게 매주 할 일 3가지를 당부하셨다. 첫 번째는 매주 1시간씩 영성 지도를 받을 것, 두 번째는 매주 논문 3페이지씩을 써서 제출할 것, 세 번째는 매주일 오후 3~7시에 로마 성지순례에 동참할 것.

아마도 지도 신부님의 세 번째 당부 사항이 무엇인지 궁금할 것이다. 세계적으로 학덕과 영성이 출중하셨던 그 지도 신부님께서는 주일마다 제자들을 대동하고 로마 성지순례를 하셨다. "사제는 주일을 거룩하게 지내야 하는데 로마의 각 성당 성지순례를 통해 성인들의 삶을 배우고 그 삶을 닮도록 해야 한다"는 것이 성지순례의 취지였다.

지도 신부님의 취지에는 백번 공감했지만 그 말씀을 실천으로 옮기기는 쉽지 않았다. 유학 시 한국 신부님들의 가장 큰 어

2009년 피정지도차 방한하신 필자의 논문지도 교수이셨던 루이스 후라도 신부님과 필자.

2009년 수지 성모교육원에서 피정지도 후 후라도 신부님(중앙)과 피정 참가자들.

려움은 언어에 대한 고충이다. 그래서 주일날이라 할지라도 공부에 매달리기 쉽고, 매주 수업을 따라가는 데 많은 에너지가 소진되기 때문에 주일날만이라도 집에서 편히 쉬고 싶어 한다. 이런 상황에서 주일 오후마다 성지순례를 따라나서기는 쉽지 않았다. 많은 신부님들이 몇 번 순례에 나갔다가 그만두곤 하였다.

그런데 어찌 된 일인지 필자는 6년간 거의 빠지지 않고 지도 신부님이 주관하는 성지순례에 참가하였다. 바로 다음 날 시험이 있다 하더라도 공부하고 싶은 유혹을 접고 성지순례에 참가하였다. 그 후 필자는 충실한 성지순례 참가자가 되어 순례에 빠지는 신부님들에게 전화해서 순례에 참여토록 독려할 정도로 지도 신부님의 충실한 조력자가 되었다.

이렇게 로마 성지순례를 매주 한 차례씩 6년간 하다 보니 자연히 로마 뒷골목까지 손바닥 들여다보듯이 훤히 알게 되었고, 로마의 대성당들은 물론이고 수많은 성당을 속속들이 파악하는 축복을 받았다. 이렇게 되자 한국에서 지인이나 신부님들이 올 때면 자연히 가이드 역할을 하게 되었다. 매주 지도 신부님을 통해 전수받은 로마 가이드 능력이 발휘되었고, 이렇게 해서 붙은 애칭이 '전설의 로마 가이드'였다.

이 별명이 싫지는 않다. 공부를 외면하고 가이드만 하다가 이 별칭을 얻었다면 문제지만 로마에서 해야 할 핵심적인 임무를 잘 마치고 덤으로 얻은 별칭이어서 자랑스럽기까지 하였다. 더구나 그 덕분에 이번 성지순례 때 신앙과 역사와 문화의 도시 로마를 순례단에게 자신 있게 안내해 줄 수 있어서 뿌듯하였다.

공부를 마치고 고국에 돌아온 지 벌써 14년이 흘렀다. 그곳에서 공부만 했더라면 로마에 대한 추억이 별로 없었을 것이다. 그곳에서 공부한 내용들은 이제 많이 잊혔다. 그러나 순례에 대한 기억은 아직도 생생하다. 지금도 교황청 보건사목평의회 학술 대회 참석차 2년에 한 번꼴로 로마를 방문하지만 로마가 필자에게 주는 첫 번째 기억은 언제나 풋풋했던 유학 시절의 추억이다. 이번에도 로마 피우미치노 공항을 향해 이륙하는 순간 업

비행기 창밖으로 내려다보이는 아름다운
하늘과 땅과 바다는 순례자들의 마음을
하느님께 봉헌하도록 이끈다.

무에 대한 여러 가지 생각, 걱정은 사라지고 잠시 옛 추억의 순간으로 되돌아갔다.

이탈리아 현지 시각으로 저녁 7시 30분, 우리 비행기는 정시에 로마 피우미치노 공항에 무사히 착륙하였다. 8시경에 입국심사가 끝나고 비교적 신속히 출국장을 벗어날 수 있었다. 그 이유를 알아보았더니 코로나로 인하여 중국 관광객들의 입국이 금지되는 바람에 공항이 한산해진 덕분이라고 했다. 우리는 가이드의 안내에 따라 관광버스를 타고 예정된 호텔에 도착해 첫날 밤을 보냈다.

Day 1

인천공항 __ 로마 피우미치노 공항 __ 호텔

폼페이 최후의 날

장거리 해외여행 시 며칠 동안은 대개 현지에서 시차로 고생하기 마련이다. 이탈리아는 한국보다 8시간 늦다. 도착 첫날 호텔 수속과 방 배정을 마치고 나니 밤 10시 가까이 되었다. 긴 비행시간으로 인해 약간의 피곤함이 느껴진 데다가 이튿날 빡빡한 일정을 고려해서 비교적 일찍 잠자리에 들었다. 그러나 시차 때문인지 2시간가량밖에 못 자고 자정쯤 저절로 눈이 떠졌다.

목욕재계 후 책상 앞에 앉았다. 오전 6시로 예정된 미사와 강론 준비를 하기 위해서였다. 제일 먼저 떠오른 주제어가 '인연'이었다. "우리 만남은 우연이 아니야"로 시작되는 어느 유행가 가사처럼, 함께 '순례'를 오게 된 우리는 결코 '우연'이 아닌 '인연'

에 의한 것이라는 생각이 문득 들었다. 수많은 인연의 끈이 과거와 지금의 나를 지탱해 주고 있으며, 앞으로도 변치 않고 그럴 것이라고 믿는다.

우리 선생님들과 오랫동안 관계를 유지해 올 수 있었던 이유는 20년 전 함께 수유동 본당 어린이 사목에 매진하면서 서로 마음이 통했기 때문일 것이다. 2021년에 '은경축'을 맞게 되는 필자는 사실 사제로서 본당 사목을 한 시기가 통틀어 3년밖에 되지 않는다. 짧게나마 본당 사목에 임했던 시절이 사제 생활에서 가장 값지고 순수한 삶을 살았던 시간이다. 그중에서도 가장 행복했던 때가 어린이 미사를 드리는 순간이었다.

물론 사제로서 처음부터 어린이 미사가 좋았던 것은 아니다. 처음에는 요즘 아이들의 눈높이를 잘 몰랐기에 무조건 어린이 동화책의 좋은 교훈만 들려주면 소통할 수 있지 않을까 생각했다. 그러나 아이들은 다 아는 내용이라 시시하게 여겼는지 좀처럼 강론 시간에 집중하지 못했다. 그래서 사제가 되고 나서 어린이 강론 때문에 스트레스를 많이 받았다.

그러다 강론 방식을 바꾸고 나서 강론 스트레스에서 벗어날 수 있었다. 동화 내용을 차용한 강론이 아닌, 복음 내용을 질문하고 소통하는 방식으로 강론을 하면서부터 미사 분위기가 바뀌기 시작했다. 질문에 대한 답을 맞힌 어린이에게는 필자가 서명한 서품 상본이 상으로 주어졌고, 이 상본을 5장 모으면 제대 앞으로 초대되어 칭찬과 함께 괜찮은 부상을 선물로 받았다. 이런 방식은 효과를 발휘하였다. 강론 시간에 그날 복음 내용의 질문을 맞히기 위해 모든 아이들이 집중하였고, 서로 문제를 맞히기 위해 경쟁적으로 손을 들었다.

이렇게 강론 방법을 바꾸고 나니 어린이 미사가 스트레스가 아닌 가장 뿌듯한 순간이 되었다. 나아가 강론 시간에 어린이들의 호응이 뜨거워지자 나는 '영적인 아버지'(spiritual father)로서의 자긍심을 느끼게 되었다. 어린이들이 마구 떠드는 소리조차 귀엽게 지저귀는 새소리처럼 들리는 은총을 받게 되었다. 이렇듯 어린이 사목을 통해 어린이들의 가시적인 변화를 체험하고 동병상련의 고락을 함께 나눈 분들이 바로 이번 '순례' 여행에 동참한 주일학교 어머니 선생님들이다.

잠자리가 바뀐 탓에 간밤에 잠을 설쳤는지 일행들 역시 일찌감치 일어나 있었다. 그 덕분에 아침 6시 미사에 단 한 명의 지각생도 없었다. 호텔방에서 드리는 미사는 마치 초기 그리스도교 박해 시대 때 공적 미사 대신 가정에 숨어서 드린 미사를 연상케 했다. 좁은 공간에 서로 밀착되어서 다소 불편하기는 했지만 더 따스한 분위기와 친밀감이 느껴졌다.

우리는 아침 식사를 마치고 폼페이를 향해 출발했다. 이탈리아 순례 첫날 일정은 성지순례라기보다는 이탈리아 역사, 문화,

자연 체험으로 정했다. 세계문화유산인 폼페이 유적지와 세계적인 자연경관을 자랑하는 아말피 해변을 돌아보기로 했다.

예정대로 로마에서 약 3시간 소요되어 오전 11시경 폼페이에 도착하였다. 14년 전 마지막으로 왔다가 이번에 다시 둘러보니 그동안 유적지가 많이 발굴되어 과거 폼페이 도시의 전모를 파악할 수 있게 되었다.

영화 〈폼페이 최후의 날〉을 통해 알 수 있듯이 서기 79년 이곳에 비극적인 재난이 덮쳤다. 폼페이 근처 베수비오 화산이 폭발한 것이다. 화산 폭발 당시 분출된 용암이 삽시간에 도시를 덮친 것은 아니라고 가이드는 설명했다. 용암이 흘러내린 곳은 폼페

호텔방에서의 새벽 미사. 이번 순례의 첫 미사 봉헌이었다.

폼페이 중앙광장에서. 뒤에 보이는 구름에 싸인 산이 폼페이를 폐허로 만든 베수비오 화산이다.

이가 아니라 다른 도시였다는 것이다. 이 재난을 피하지 못한 많은 시민들이 목숨을 잃었는데 그들의 사인은 용암 분출이 아닌 가스 분출로 인한 질식사였다고 한다. 그리고 창공으로 분출된 어마어마한 화산재가 도시 전체를 뒤덮었고, 그 화산재로 말미암아 폼페이는 마침내 지하 도시로 사라지게 되었다. 바닷가에 세워진 폼페이가 지금 바닷가에서 멀어진 이유는 지진으로 인한 지표면 융기로 해안선이 바뀌었기 때문이라고 한다.

화산재 밑으로 사라진 도시가 오랜 발굴 작업으로 드러나 2000년 전 로마시대 사람들의 삶의 모습을 엿볼 수 있었다. 폼페이는 로마시대에 자치권을 가진, 높은 문화생활을 누리

폼페이는 도로가 인도와 마찻길이 구분되어 있고,
공중시설과 주거시설이 잘 정비된 계획도시였다.

던 도시였다. 로마시대 자치도시들에 있었던 포로 로마노(Foro Romano: '로마인의 광장'이라는 뜻으로 정치 · 상업 · 종교 시설이 밀집된 곳)를 중심으로 형성된 계획도시였다. 인도와 마찻길로 나뉘어 잘 만들어진 도로, 도로 양쪽에 집들, 중앙 광장 주위에 공회당, 신전, 극장, 시장, 목욕장, 음식점 및 가게, 집수시설이 있었다. 중앙 광장을 중심으로 도시 건물들이 서로 소통할 수 있는 구조로 잘 배치되어 있었다.

'무엇이 폼페이를 이토록 체계적인 도시로 발전시켰을까?'

그것은 바로 정치 시스템이라는 생각이 든다. 로마제국은 몇몇 도시에 시민들의 자치권을 부여하였다. 이런 자치권을 통해 형성된 정치구조가 공화정이다. 공화정이란 말은 라틴어

폼페이는 수로를 통해 외부에서 물을 끌어다 도시 곳곳에 설치한
우물이 많았고, 목욕탕과 배수시설 역시 잘 갖추어져 있었다.

'Republica'에서 유래한 것이다. 이것은 'Res(일) + Publica(공적인)'의 합성어이다. 그러므로 공화정이라 함은 시민들의 참여로 '공적인 일'을 하는 정치구조이다.

시민들은 자신에게 필요한 사회를 이루기 위해 소통의 공간인 공회당에 모여 토론을 벌였다. 이런 소통을 통해 어느 한 사람만의 이익을 대변하는 것이 아니라 다수의 공적인 이익을 만들어 내는 결정을 하였다. 따라서 공화정 체제의 핵심은 시민들의 참여를 통한 소통의 구조이며, 이를 통해 공공의 일과 이익을 우선시하는 정치 시스템이다. 이런 정치 시스템을 갖추고 있었기 때문에 폼페이는 경제 · 사회문화적으로도 발전해 나갈 수 있었으리라. 이 도시 구조를 통해 다시 한 번 소통의 중요성을 생각하게 되었다.

폼페이는 공화정이라는 선진적 정치 시스템을 가지고 있었지만 다른 한편 부정적인 타락의 문화도 공존했음을 확인할 수 있다. 시민 오락을 위해 검투사들이 결투했던 원형경기장뿐만 아니라 외설적인 벽화가 그려진 사창가, 바(bar)가 갖추어진 술집 그리고 시민들의 숫자에 비해 많은 목욕탕을 볼 수 있었다. 예나 지금이나 우리의 타고난 본성을 창조적으로 가꾸지 못하고 욕망의 노예가 되어 살아가는 모습을 통해 시대를 막론하고 인간의 충동적 본성이 존재해 왔음을 느낄 수 있었다.

폼페이 탐방 후 점심을 먹고 세계적인 자연경관을 자랑하는 아말피 해안으로 향했다. 아말피 해안은 소렌토에서 아말피를 거쳐 살레르노에 이르는 좁은 길로 연결된 해안가를 말하며, 천혜의 자연경관이 펼쳐진 멋진 곳이다. 산과 해안의 절벽, 바다가 조화롭게 어우러져 있고, 여기에 태양빛이 비칠 때 드러나는 자연의 아름다움은 형언하기 힘들다. 하지만 우리를 더욱 감탄하게 한 것은 그 기암괴석 바위틈, 절벽에 지어진 집들이었다. 어떻게 저런 곳에 집을 짓을 수 있단 말인가? 탄성이 절로 쏟아졌다. 아말피 해안은 이렇게 기기묘묘한 자연과 인간의 노력이 어우러

아말피 해안의 아름다운 석양.

져 더욱 환상적인 곳이라 할 수 있다. 이러한 절경을 보면서 우리 마음도 아름다움으로 가득 채워지는 느낌이었다.

자연이 이토록 아름답기는 하지만 인간의 아름다움에 비할 바는 아니라고 생각한다. 자연은 하느님의 아름다움을 반사만 할 뿐 창조적으로 응답할 수 없기 때문이다. 창조적으로 응답할 수 있는 존재는 동물도, 식물도, 자연도 아닌 인간이 유일하다. 우리는 창조적으로 반응할 수 있다는 점에서 가장 빛날 수 있고, 가장 아름다울 수 있는 존재이다. 우리 앞에 놓인 자연의 아름다움을 통해 각 개인이 가진 창조적인 응답의 아름다움을 일깨워 나갔으면 좋겠다.

Day 2

폼페이 유적지 _ 아말피 해변 _ 살레르노로 이동

창조적인 응답

아말피 해변에서 살레르노로 가는 길은 한쪽은 바다, 다른 쪽은 절벽을 끼고 굴곡과 경사가 반복되는 좁은 2차로이다. 멋진 광경이 펼쳐질 때마다 일제히 환호하다가도 우리를 태운 버스가 마치 곡예 운전을 하듯 길모퉁이를 아슬아슬하게 돌아서 겨우 빠져나갈 때는 자칫 낭떠러지로 곤두박질칠지도 모른다는 불안감에 마음을 졸이기도 하였다. 그래서인지 호텔에 도착했을 때 피곤이 누적되어 저녁 식사를 마치자마자 제각기 방으로 흩어졌다. 필자 역시 침대에 드러눕자마자 정신없이 곯아떨어졌다. 그러나 시차 후유증이 남았는지 새벽 2시에 또다시 잠이 깨어 아침 미사 강론 준비를 하였다. 이날 복음 말씀은 풍랑을 만난 제자들에 관한 내용(마르 4, 35-41)이었다.

새벽 미사를 마치고 살레르노 호텔에서 바닷가를 배경으로 사진을 찍었다.

예수님께서는 돌풍이 일어 바닷물이 배 안에 가득 들어찼는데도 뱃고물에서 베개를 베고 평안하게 주무시고 계셨다. 이 모습을 묵상하면서 우리는 간혹 우리가 인생에서 거친 파도와 풍랑을 만나 허우적거리고 있는데도 예수님께서는 아랑곳하지 않으시고 깊이 잠들어 계시는 것은 아닌가 의심할 때가 있다. 그러면서 복음의 제자들처럼 두려움에 떨며 예수님께 원망 조로 간청한다.

"스승님, 저희가 죽게 되었는데 걱정도 되지 않으십니까?"

이때 예수님께서는 깨어나시어 호들갑 떠는 제자들을 야단치신다.

"왜 겁을 내느냐? 아직도 믿음이 없느냐?"

이 복음이 주는 가르침을 잠시 생각해 보았다. 예수님께서는 우리가 곤경에 처할 때 곧바로 해결사로 등장하지 않으신다. 우리 기도대로 예수님이 척척 응답해 주신다면 우리는 언제까지나 스스로는 아무런 문제해결도, 판단도 할 수 없는 나약하고 무능한 인간이 되고 말 것이다. 예수님은 우리가 무조건 수동적이거나 의존적인 로봇과 같은 비인격적 존재가 되기를 원치 않으신다. 우리에게 정녕 바라시는 것은 '내가 너와 함께하고 있으니 어떤 상황이 벌어지더라도 걱정 · 근심하지 말고 창조적인 응답을 구하라'는 굳센 믿음의 자세일 것이다.

우리는 하루하루 살아가면서 사업 실패나, 심지어 죽음에 이르기까지 온갖 종류의 위험과 불행에 노출될 수 있다. 그때마다 예수님은 우리가 어려운 문제에 봉착해서 쉽사리 포기하거나 남의 탓으로 돌리며 원망하는 것을 원치 않으신다. 우리의 강건한 믿음을 바탕으로 '창조적으로 응답'함으로써 스스로 문제해결 과정을 통해 점점 예수님을 닮아 갈 것을 원하신다. 그러므로 위급한 처지마다 무조건 도움을 청하며 칭얼거리기만 하는 믿음은 아직 유아기적 초보 단계에 머무는 허약한 믿음일 것이다.

우리 일행 중 강 선생님은 평소 '창조적인 응답'을 할 줄 아는 분이다. 그는 이번 '순례' 여행 기간에도 멋진 언변과 시 암송 등을 통해 일행들에게 웃음과 활력을 보충해 주는 역할을 하였다. 강 선생님은 이날도 폼페이 유적지 야외극장(오데온)에서 순간적

폼페이 원형극장에서 시를 낭송하면서 당시 로마인들을 상상해 보았다.

인 기지를 발휘하여 로마시대 시인처럼 시를 암송하며 분위기를 유쾌하게 이끌었다. 그 야외극장은 육성으로도 관객들에게 소리가 전달되도록 과학적으로 설계되었다고 한다. 가이드의 그 같은 설명이 과연 맞는지 재치 있게 시험해 본 것이다. 순간 우리 일행은 타임머신을 타고 2000년 전 로마시대로 되돌아가 원형극장의 관객이 된 듯한 기분을 느낄 수 있었다. 평소 많은 시를 암송하여 사람들에게 낭송해 주곤 했던 강 선생님께서는 시의적절한 장소에서 시의적절한 시를 낭송함으로써 그것을 지켜보는 사람들에게 놀라움과 기쁨을 선사해 주셨다. 이것도 하나의 상황에 대응하는 재치요, 창조적인 응답이다.

3일차 '순례' 일정은 살레르노에서 출발하여 로마로 다시 돌아가면서, 베네딕도 성인과 연관된 가장 중요한 두 곳인 몬테카시노와 수비아코를 방문하는 순으로 짰다. 이 여정은 한 시대의 전환점을 이뤄 내신 베네딕도 성인의 삶을 엿볼 수 있는 기회였다. 성인은 서방 수도 규칙서를 처음으로 완성함으로써 교회 수도 생활의 토대를 정초하신 분이다.

오전 11시경 우리는 몬테카시노 수도원에 도착했다. 수도원은 해발 519m 위에 웅장하게 자리 잡고 있었다. 우뚝 솟은 봉우리

해발 519m에 위치한 몬테카시노 수도원. 베네딕도 성인이 이곳에서 규칙서를 쓰셨다.

베네딕도 성인은 게르만족의 계속된 침입으로 서로마제국이 패망(476년)에 이르는 등 정치체제가 붕괴하고 도덕적으로도 퇴폐의 길을 걷던 불안한 시기에 태어났다(482년). 교회 역시 이교 민족들의 계속된 침입으로 존립에 큰 위협을 받고 있었다. 이러한 상황에 베네딕도는 '순명', '겸손', '침묵' 안에서 기도와 일(노동)의 균형 잡힌 생활 방식을 주창하였다. 이른바 '기도하고 일하라!'(Ora et labora!)는 베네딕도회 모토 역시 그의 가르침에서 유래한 것이다. 당시 노동은 노예와 같은 하층민만 하는 천한 일로 여겨졌었다. 이런 시점에 노동에 대한 성인의 강조는 당시 일반적인 사고와는 상반된 것이었다. 그러나 결국 베네딕도수도회 등장 이후 노동은 인간 삶의 또 다른 중심축이 된다는 인식이 보편화되었다.

위에 어마어마한 건축물을 세웠다는 사실이 놀라웠다. 베네딕도 성인은 529년 이곳에 수도원을 세우신 뒤 돌아가실 때까지 이곳에 머무르셨다고 한다. 이곳은 서유럽 최초의 수도원이며, 성인께서 수도 생활의 이상과 목표를 제시한 베네딕도 수도 규칙을 저술한 곳이라 했다.

베네딕도 수도 규칙의 핵심, '기도하고 일하라!'는 생활 방식은 바람직한 인간 삶의 핵심을 제시한 것이기도 하다. 우리는 하루 생활 중 무엇에 초점을 두고 살아야 하는가? 성인은 당시 사람들이 그저 헛되고 무익한 혼돈의 삶을 살아가는 모습을 지켜

보았을 것이다. 이를 본 성인이 인간이 살아가야 할 기본적인 삶의 양태로 '하늘을 보며 기도하고 땅에서 일하는' 사명을 제시한 것이리라. 기도와 일은 전인적으로 건강한 사람이 되기 위한 필수 조건이자 의무라는 점을 새삼 되새겼다.

몬테카시노 수도원은 제2차 세계대전 때 독일군이 수도원을 방어 거점으로 이용하는 바람에 연합군의 폭격으로 파손되었다가 현재는 옛 모습 그대로 재건되었다. 이곳에는 수도원을 비롯해 대성당, 성 베네딕도와 쌍둥이 여동생인 성녀 스콜라스티카의 무덤, 박물관, 도서관, 문서 보관소 등이 있으며 방만 100개가 넘는다고 한다. 수도원 회랑에서 보이는 베네딕도 성인이 돌아가실 때의 모습을 담은 동상이 인상적이었다. 성인께서는 선 채로 팔을 하늘로 뻗어 하느님을 찬미하며 죽음을 맞이하였다 한다.

몬테카시노에서 점심을 먹고 수비아코 동굴 수도원으로 향했다. 수비아코는 베네딕도 성인이 향락에 젖은 로마를 뒤로하고 절벽에 파인 2평 남짓한 동굴에서 은수 생활을 시작한 곳이다.

그곳 산중에 도착하니 서늘하고 청명한 기운을 느낄 수 있어 마음이 치유되는 듯하였다. 차에서 내려 수도원이 있는 산길을 올라갔다. 깎아지른 절벽에 어떻게 이런 수도원을 지을 수 있었을까? 여러 세기에 걸쳐 교황님들의 도움으로 절벽에 있는 동굴을 감싸 지금의 모습으로 건축되었다고 한다.

몬테카시노 수도원 안마당에 세워진 베네딕도 성인의 임종 장면을 표현한 동상.

동굴을 중심으로 확장 · 개조된 수도원 내부에는 베네딕도 성인의 전기를 기반으로 하여 성인에 대한 여러 일화들이 프레스코화로 그려져 있었다. 그중 유명한 일화가 있다. 베네딕도를 암살하려는 사람들이 흉계를 꾸며 점심 식사 때 포도주에 독을 섞어서 권했다. 그런데 베네딕도가 포도주를 마시기 전 전례대로 축복기도를 하기 위해 성호를 긋자마자 그 잔이 깨져 버렸다고 한다. 또 다른 독살 시도도 있었다. 시기하는 사람들이 빵에 독약을 넣어 주었는데 베네딕도가 빵을 먹기 전 성호를 그을 때 갑자기 까마귀 한 마리가 날아와 빵을 물고 가 버렸다고 한다. 창

수비아코 수도원 방명록에 서명하는 필자. "Ora et labora 생활양식을 만들어 주신 성 베네딕도여, 저희를 위하여 빌어 주소서!"

세기의 카인처럼, 예나 지금이나 시기심에 사로잡혀 죄를 짓는 일이 반복된다는 반성을 해 보았다.

성지순례를 하다 보면 여러 형태로 은총을 받는다. 우리 일행 중 의과대학에서 학생들을 가르치는 교수님이 동굴 수도원에 그려진 베네딕도 성인의 일화가 담긴 그림을 보고 큰 은총을 느꼈다고 말씀하셨다. 그 그림에 얽힌 일화는 이러하다. 베네딕도 성인이 기도하던 중 어떤 아이가 얼음이 녹은 호수에 빠져 허우적

거룩한 동굴(Sacro speco)은 베네딕도 성인이 3년간 은수 생활을 한 곳이다.
수비아코 수도원은 동굴을 중심으로 수세기에 걸쳐 확장해 가면서 성지로 변모하였다.

거리는 환시를 보았다고 한다. 성인은 제자에게 그 어린아이를 구해 주라고 명하였다.

교수님은 가이드가 그 그림에 얽힌 일화를 설명할 때 갑자기 가슴이 뜨거워지면서 큰 감동이 밀려왔다고 하셨다. 그 이유는 초등학교 시절 얼음이 녹은 냇가에 갔다가 두 번이나 물에 빠져 곤경에 처한 적이 있기 때문이다. 더군다나 물에 빠진 날이 공교롭게도 모두 생일날이라서 자신은 어린 시절부터 생일이 되면

베네딕도 성인이 은수 생활을 시작한 산 중턱의 수비아코 동굴을 둘러싼 수도원 전경.

기쁘기는커녕 걱정부터 앞섰다고 한다. 그런데 수비아코 동굴 수도원을 방문한 그날이 마침 교수님의 생신이었다.

교수님은 동굴 수도원에서 베네딕도 성인이 아이를 구해 주는 그림을 보고 어린 시절 자신이 물에 빠졌을 때 구해 주신 분이 바로 베네딕도 성인이었음을 마음속 깊이 깨닫게 되었고, 과거 생일에 대한 트라우마가 말끔히 치유되었다고 말씀하셨다. 이런 우연의 일치가 있는가! 우리는 저녁 식사 때 성지순례의 은총을 받은 교수님을 진심으로 축하해 드렸다.

동굴 수도원 아래쪽으로 장미 정원이 조성되어 있다. 이 정원이 조성된 연유는 사탄의 유혹 사건과 관련 있다고 전해진다. 베네딕도 성인이 은수 생활을 하고 있을 때 하루는 사탄이 은수 생활을 중단시키기 위해 성인의 머릿속에 과거 사랑했던 여인을 떠오르게 했다. 그 여인은 너무도 아름다워서 그를 육욕에 사로잡히게 했는데 은수 생활을 그만둘까 하는 생각이 들 정도였다. 그러나 곧 정신을 차린 베네딕도는 수도복을 벗어 던지고 가시덤불에 온몸을 뒹굴며 유혹을 물리쳐 달라고 기도드렸다. 온몸이 피투성이가 되었으나 마침내 욕정은 사라지고 평온을 찾게 되었다고 한다.

성 프란치스코는 돌아가시기 3년 전인 1223년 이곳 수비아코 동굴 수도원에 오셨다고 한다. 그리고 성인이 다녀갔다는 사실을 기록해 놓는 의미로 벽 한쪽에 성 프란치스코 초상을 그리고

베네딕도 성인이 환시를 통해 물에 빠진 아이를 구한 일화를 담은
수비아코 동굴 수도원 내 프레스코화.

다녀간 연도를 새겨 놓았다. 성 프란치스코가 이곳에 왔을 때 수도원 밑에 자라고 있는 야생 장미를 직접 채취하여 지금 조성되어 있는 장미 정원으로 옮겨 심었다고 한다. 아마 성 프란치스코는 자신이 겪었던 유혹, 그리고 그 유혹이 왔을 때 베네딕도 성인이 장미 덩굴에 가서 뒹굴었던 일이 생각났을 것이다.

평소에는 문을 잠가 놓는다는 장미 정원이 마침 열려 있어서 안으로 들어가 보았다. 베네딕도회 수사님께서 땅을 파고 무언가 열심히 심고 있었다. 수사님은 그곳에서 수도 생활을 하신 지 60년이 되었다고 하셨다. 필자는 수사님에게 다가가 무엇을 하고 계시냐고 물었다. 수사님은 그 정원이 어떻게 조성되었는지

성 프란치스코가 방문했던 장미 정원에서
유난히 가시가 커 보이는 장미를 옮겨 심고 계시는 수사님.

친절하게 설명해 주셨다. 그리고 "예전에 성 프란치스코께서 '야생 장미'를 채취하여 이곳에 심은 일을 똑같이 하고 있다"고 대답하셨다.

장미 정원에 얽힌 일화는 유혹이 밀려들 때 악한 영들과 싸우는 일의 중요성을 새삼 되새기게 했다. 우리를 지배하는 악한 영들은 우리의 상처받은 마음을 통해 우리 생각을 조종하고 우리를 끝없는 판단의 세계로 빠져들게 한다. 이런 악순환에서 빠져나오기는 무척 힘들다. 악한 영의 사주를 깨닫고 그 영들에 강력히 대응하겠다는 자세를 견지할 때 우리는 여러 형태의 유혹에서 빠져나올 수 있다는 사실을 그곳 장미 정원에서 다시 한 번 확인하였다.

우리는 수비아코 순례를 마치고 로마 숙소로 향했다. 1시간 정도 걸려 숙소에 도착한 후 근처 레스토랑으로 갔다. 그 식당은 여행사를 통하기는 했지만 우리가 부탁해서 예약한 곳이다. 이미 정해진 메뉴가 아닌 우리가 원하는 음식을 다양하게 주문해서 이탈리아 음식 문화를 체험하는 기회가 되었다. 저녁 식사는 이날 하루 동안 가장 많은 성지순례 은총을 받으신 교수님께서 은총 턱을 쏘았다.

생일날 수비아코 수도원에서 은총을 받은 남 교수님(가운데)이
일행들에게 저녁식사를 대접하셨다.

Day 3

살레르노 출발 _ 몬테카시노 수도원 _ 수비아코(동굴) 수도원 _ 로마 도착

희생과 봉헌

순례여행 중 처음 맞게 된 주일은 '주님 봉헌 대축일'이다. 단 사흘밖에 주어지지 않은 로마 시내 순례 일정 중 첫 번째 순례일이기도 하다. 우리 일행은 모두 바티칸에서 교황님을 직접 뵙고 싶었다. 교황님을 뵐 수 있는 방법은 대략 두 가지다. 첫 번째는 매주 수요일 바티칸 광장에서 열리는 일반 알현에 참가하는 방법이다. 이날 교황님은 메시지를 선포하신 후 무개차를 타고 광장을 한 바퀴 돌면서 신자들과 인사를 나눈다. 운이 좋으면 그때 교황님을 가까이서 뵐 수도 있다. 두 번째 방법은 매주 주일 정오에 베드로 광장에서 교황님이 주재하시는 삼종기도에 참가하는 것이다. 이 방법은 교황님을 멀리서 뵐 수밖에 없는 단점이 있다. 그러나 수요일 일반 알현은 취

교황님 일반 알현 모습(사진 제공 : 이동익 신부).

소되는 경우가 많다. 우리는 두 번째 방법이 실현 가능성이 더 크다고 판단했다. 그래서 이날 오전에는 바오로 사도 순교터인 '트레 폰타네'와 성 바오로 대성당을 순례한 후 정오에 베드로 광장에서 열리는 주일 삼종기도에 참가키로 했다.

로마에 있는 성당들은 오전 10시경에야 문을 여는 경우가 많은데 트레 폰타네 순교터는 오전 8시 30분부터 문을 열었다. 우리 일행이 그곳에 도착했을 즈음에는 순례객이 거의 보이지 않아 한산했다. 트레 폰타네 참수터로 들어서는 입구 오른쪽에 '천국의 계단' 성당이 위치해 있다. 디오클레티아누스 황제의 심한 박해로 인해 수많은 그리스도인이 이곳에서 처형되었다고 한다. 박해가 끝난 다음 순교자들의 넋을 기리기 위해 그 자리에 성당을 지었다. '천국의 계단'이라는 이름이 붙여진 것은 1153년 성 베르나르도가 이 성당을 방문하여 기도하던 중 순교자들의 영혼이 계단을 통해 하늘로 오르는 환시를 본 것에서 유래되었다고 한다. 몇 개의 계단을 올라 성당 안으로 들어간 후 왼쪽 계단을 따라 지하로 내려가면 바오로 사도가 처형을 기다리며 대기하던 감옥이 나온다. 제단 옆 녹슨 철창 안에 그 유적지가 있다. 이곳에서 죽음을 앞둔 사도의 심정은 어떠했을까?

바오로 사도는 그리스도를 만난 후 과거를 버리고 예수님을 바라보며 달려왔다. 사도에게 죽음이란 세상에서 달릴 길을 다 달리고 그토록 사랑했던 예수 그리스도와의 만남을 설렘으로 기다리던 시간이 아니었을까? 죽음을 간절히 기다리는 자에게 죽음은 더 이상 공포의 대상이 아니다. 어쩌면 바오로 사도는 죽음의 공포에서 벗어나는 길을 우리에게 제시하고 있는지도 모른다. 죽음을 통해 만나야 하는 분을 간절히 기다린다면 죽음은 오히려 위협과 두려움의 순간이 아니라 기다림의 순간이 될 것이다.

'천국의 계단' 성당에서 100m쯤 앞에 바오로 사도의 참수터 경당이 있다. 바오로 사도의 참수터가 트레 폰타네('3개의 샘'이라는 뜻)라는 별칭을 갖게 된 이유는 바오로 사도가 단두대에서 목

'천국의 계단' 성당(위) 밖 아래쪽에 성 베르나르도 기념상(아래)이 있다. 이 동상 밑에 1153–1953년이라고 새겨져 있는데 이는 성 베르나르도가 방문한 지 800주년을 기념하여 세운 동상이라는 의미이다.

이 잘렸을 때 성인의 목이 땅에 세 번 튀어올랐고, 그 지점에서 각각 물이 솟아나 3개의 샘이 생겨났기 때문이라고 한다. 그의 순교가 바로 복음의 생명수를 솟게 만들었음을 기적적으로 증언한 것이다. 우리는 경당에 앉아 바오로 사도를 기억하며 10여 분간 조용히 묵상에 잠겼다. 그때 로마서 8장의 바오로 사도 말씀이 떠올랐다.

> "무엇이 우리를 그리스도의 사랑에서 갈라놓을 수 있겠습니까? 환난입니까? 역경입니까? 박해입니까? 굶주림입니까? 헐벗음입니까? 위험입니까? 칼입니까? 그러나 우리는 우리를 사랑해 주신 분의 도움에 힘입어 이 모든 것을 이겨 내고도 남습니다. 나는 확신합니다. 죽음도, 삶도, 천사도, 권세도, 현재의 것도, 미래의 것도, 권능도, 저 높은 곳도, 저 깊은 곳도, 그 밖의 어떠한 피조물도 우리 주 그리스도 예수님에게서 드러난 하느님의 사랑에서 우리를 떼어 놓을 수 없습니다." (로마 8, 35-39)

바오로 사도는 그리스도 십자가의 사랑을 깨닫고 인간을 위해 베풀어지는 그 크신 하느님의 사랑에 그동안 중요하게 생각해 온 가치들을 한낱 쓰레기처럼 하찮은 것으로 여기게 되었다.

'나는 그동안 어떤 가치를 중시하면서 살아왔는가? 나는 앞으로 어떤 가치를 추구하며 살 것인가?'

바오로 사도 참수터인 트레 폰타네. 참수터 앞 돌길은 바오로 사도가 참수될 때 끌려갔던 로마시대 옛 길이다.

참수터 경당 내부에 바오로 사도의 참수된 머리가 세 번 튀어오른 자리마다 샘물이 솟았다는 일화를 담은 그림이 있다.

아직 바오로 사도처럼 그리스도 십자가를 통해 베풀어지는 하느님의 사랑을 온전히 깨닫고 있지 못한 '나'이기에 세상의 가치들에 대한 애착을 온전히 끊어 버리지 못하고 있다. 언젠가는 바오로 사도처럼 그런 은총이 베풀어지기를 기도드렸다.

트레 폰타네 참수터 입구에 들어서면 'Ave Maria(아베 마리아), Ave Bernardo(아베 베르나르도)'라고 새겨진 표지석이 있다. 이것과 관련된 전해 내려오는 일화가 있다. 베르나르도 성인은 "Ave Maria(아베 마리아)!"라고 부르며 늘 정성을 다해 성모님께 기도드리곤 했다. '아베 마리아'는 원래 가브리엘 천사가 성모님에게 나타나 '마리아 님, 안녕하세요!'라고 친근하게 성모님을 부르는 인사였다. 베르나르도 성인이 성모님께서 자신 앞에 현존하심을 강하게 느끼면서 어느 날 "Ave Maria!"라고 성모님을 친근하게 불렀을 때 성모님께서 "Ave Bernardo(안녕, 베르나르도)!"라고 응답하셨다고 한다.

이러한 베르나르도 성인의 일화에서 기도란 무엇인지를 배울 수 있다. 기도란 하느님이나 예수님, 성모님이나 성인들의 이름을 부르는 데 있다. 우리가 예수님의 이름, 성모님의 이름을 간절히 부를 때 그분이 우리 앞에 현존한다. 그리고 예수님이나 성모님께서 내 이름을 부르고 있음을 깨닫게 될 때 기도가 응답되었음을 알게 될 것이다.

트레 폰타네 참수터 입구. 앞에 보이는 벽에 'Ave Maria, Ave Bernardo' 표지석이 있다.

바오로 참수터 위쪽 언덕에는 '예수의 작은 자매 수도회' 세계 총원이 자리하고 있다. 자세히 살피지 않으면 그곳에 수도원이 있는지 잘 알 수 없다. 로마 유학 시절 트레 폰타네에 오면 지도 신부님과 함께 이 총원을 방문하곤 했다. 지도 신부님께서는 당신 제자들에게 가난한 모습으로 살아가는 수도회를 알려 주고 싶으셨던 것이다. 이 수도원은 2005년 복자품에 오르신 샤를 드 푸코 신부님의 영성에 따라 창설된 수도회이다.

순례 일정을 짤 때 이곳 방문 계획은 없었다. 그러나 따져 보니 시간적 여유가 좀 있었다. 24명이나 되는 순례단의 갑작스러운 방문을 허락해 줄지 걱정은 되었지만 시도해 보기로 했다. 다행히 방문해도 좋다는 허락을 받았다. 수도회 총원장님께서 직접 나오셔서 우리 불청객들을 맞아 주셨다. 총원장 수녀님께 필자를 소개하며 예전 유학 시절 이곳에 1년에 한 번은 꼭 왔다고 말씀드리니 기뻐하시며 안으로 안내해 주셨다. 필자는 '푸코 신부님 박물관'에 들어갈 수 있는지 여쭈었다. 수녀님께서는 박물관을 개보수 중이라 들어갈 수 없다며 임시로 만든 푸코 신부님의 경당으로 우리를 안내해 주셨다.

푸코 신부님 박물관에는 신부님께서 사막에서 사실 때 쓰시

샤를 드 푸코 신부님에 대해 잠깐 소개하자면, 신부님께서는 1858년 프랑스에서 태어났다. 젊은 시절 방황으로 허송세월을 보내다가 마침내 하느님을 찾은 푸코 신부님은 예수님께서 나자렛에서 가난하고 미천한 노동자로 살았던 숨은 생활을 본받고자 했다. 신부님은 43세에 사제 서품을 받고 예수님의 나자렛 삶을 본받아 사하라사막으로 들어갔고, 그곳에서 민족과 종교의 벽을 넘어 모든 이의 형제로 살다가 1916년 타만라세트 원주민들에게 피살된다.

신부님이 돌아가신 후 신부님이 남긴 '영적 수기'가 수많은 사람들의 심금을 울렸고 그의 영성은 전 세계로 퍼져 나갔다. 신부님은 생전에 제자를 두지는 않았지만 그의 영향으로 '예수의 작은 형제회'(Little Brothers of Jesus, 1933년)와 '예수의 작은 자매회'(Little Sisters of Jesus, 1939년)가 설립되었다.

던 농기구나 용품들, 그리고 직접 그린 그림들이 있으나 임시 경당에는 사막에 살 때 경당을 꾸미기 위해 직접 그린 그림 3점만 벽에 걸려 있었다. 그림은 동양화처럼 선을 중시하여 신부님의 영성을 핵심적으로 요약한 것이다. 정면에 걸린 그림은 '예수 성심'을 표현한 것이다. 팔을 벌리고 계시는 예수님 가슴에 성심을 그리셨다. 예수님의 심장, 예수님의 마음으로 이 세상 모든 사람들을 예수님처럼 품어 안아야 함을 의미한다고 총원장님께서 설명해 주셨다.

왼쪽 벽에는 '예수님의 나자렛 생활' 모습을 담은 그림이 걸려 있다. 예수님께서 나자렛에서 성 요셉과 함께 목수 일을 하는 장면을 묘사한 것이다. 푸코 신부님은 하느님이 인간이 되시어 우리와 함께 머무셨다는 것, 즉 하느님의 육화에 깊은 감명을 느끼셨다고 한다. 그래서 하느님의 아들이 육화하시어 우리와 함께 하시는 우리 일상의 중요성을 표현하고자 하셨다. 예수님이 함께 하시는 우리의

사를 드 푸코 신부님의 생전 모습.

푸코 신부님이 그린 '예수 성심'(위)과 '예수님의 나자렛 생활 모습'(가운데), 그리고 '성모님께서 엘리자벳을 방문하심'(아래). 동양화풍으로 그린 그림들이 참 정겹게 느껴진다.

일상은 이미 거룩한 것이기에 우리도 예수님과 함께 우리 일상을 소중히 여겨 거룩하고 성스러운 삶을 살아야 한다는 것이다.

오른쪽 벽에는 '성모님께서 엘리사벳을 방문하심'을 표현한 그림이 있다. 그림은 성모님이 하느님의 말씀을 잉태하고 엘리사벳을 찾아가듯이 우리의 또 다른 사명은 가슴에 하느님 말씀을 품고 세상 사람들을 찾아가야 함을 의미한다고 했다. 우리는 총원장 수녀님의 친절한 안내와 설명에 깊은 감명을 받았다.

'예수의 작은 자매회' 총원장 수녀님과의 인연을 기억하기 위해 함께 단체 사진을 찍었다.

수도원 방문을 마치고 바오로 사도 무덤 성당으로 향했다. 참수당하신 바오로 사도는 참수터에서 멀지 않은 카타콤바에 묻히셨다. 그리고 그리스도교가 공인된 이후인 4세기 중반경 바오로 사도 무덤 위에 기념 성당이 세워졌다. 옛 성당의 모습은 1823년 대화재로 사라졌고, 지금 남아 있는 성당은 새로 복원된 것이다.

바오로 대성당은 로마 4대 성전(베드로 대성당, 바오로 대성당, 라테란 대성당, 성모마리아 대성당) 중 가장 최근에 복원되어서인지 웅장함은 있지만 조금 낯설게 느껴진다. 중앙 정문에 바오로 사도와 베드로 사도의 일대기를 간략하게 비교하여 부조한 내용이 인상적이다. 교회를 떠받치고 있는 두 사도, 두 기둥이 예수님을 만나고, 예수님의 말씀을 선포하고, 마침내 순교로 복음을 증거함으로써 우리에게 복음을 전해 주셨다.

우리는 바오로 사도 묘소가 있는 중앙 제단으로 가서 함께 기도를 드리고 시간에 맞춰 바티칸 광장에 도착하기 위해 조금 서둘러 그곳을 떠났다.

교통이 원활해서 바티칸 광장에 예정보다 30분 일찍 도착할 수 있었다. 이미 많은 사람들이 교황님께서 나오시기를 기다리고 있었다. 드디어 12시 정각에 교황님께서 집무실 창문에 나타나셨다. 광장에 모인 신자들은 우레와 같은 박수로 교황님을 환영하였다. 교황님께서는 손을 흔드신 후 2월 2일 '주님 봉헌 대축

성 바오로 대성당 입구에 세워진 바오로 사도의 동상. 바오로 사도가 든 칼은
'하느님 말씀은 쌍날칼보다도 날카롭다'(히브4,12)라는 성경말씀을 상기시킨다.

교황님은 바티칸 꼭대기 층 오른쪽에서 두 번째 집무실 창문을 열고 주일 삼종기도를 드리신다.

일'을 언급하시며 봉헌 생활하시는 수도자들에게 감사와 축하의 인사를 보내셨다. 그리고 당일 복음 말씀(루카 2, 22-40)을 언급하시며 메시지를 전하셨다. 교황님의 핵심 메시지는 예수님을 성전에 봉헌하는 복음에 담긴 내용이었다. 간단히 요약하면 이렇다.

성모님과 성 요셉은 예수님이 태어난 지 40일 되었을 때 정결례를 거행하러 예루살렘 성전으로 가셨다. 성전으로 향한 분 가운데는 성모님, 성 요셉뿐만 아니라 예루살렘 성전에서 구세주가 나타나리라고 간절히 기도하며 기다리던 시메온과 안나도 있었다. 이날 복음에는 성령에 이끌려 성전을 향해 나아가는

바티칸 광장에서 삼종기도에 참석한 우리 일행은 멀리서나마 교황님으로부터 직접 강복을 받았다.

'움직임'(movimento)과 성전에서 예수님을 뵙고 놀라워하는 '경탄'(stupore)이 담겨 있는데 시메온과 안나처럼 우리도 성령이 이끄는 삶, 그리고 예수님을 만나 경탄하는 삶이 되어야 함을 결론으로 말씀해 주셨다. 교황님께서는 마지막으로 당신을 위해 기도해 줄 것을 참석자들에게 당부하셨다. 그다음 라틴어로 삼종기도를 바치셨고, 기도 후에는 광장에 참석한 그룹들을 소개하시며 당신의 인사를 전하셨다.

필자는 유학 시절 광장에서 교황님의 삼종기도에 참석한 경우도 있었지만 대부분은 신학원에서 정오에 TV로 생중계되는 삼종기도에 참석했다. 이번에 광장에서 순례객들과 직접 삼종기도에 참석하니 현장의 숨결이 생생히 전해져 감회가 새로웠다. 또한 자신을 위해 특별히 기도해 달라는 교황님의 부탁 말씀에 가슴이 찡했다. 교황님께서 매일 지고 가야 하는 십자가의 무게를 우리가 어떻게 짐작할 수 있으랴! 매일 미사 때마다, 그리고 종종 화살기도로 응원해 드려야겠다.

Day 4-1

천국의 계단 성당 _ 트레 폰타네 사도 바오로 순교 기념 경당 _ '예수의 작은 자매회' 총원('푸코 신부님 박물관') _ 성 바오로 대성당 _ 바티칸 광장 주일 삼종기도 참가

순교와 참된 행복

교황님의 주일 삼종기도가 끝나고 점심 식사를 위해 예약된 코르넬리아 역 근처 레스토랑에 갔다. 그 레스토랑은 유학 때 몇 번 가 보았던 동네 주민들이 애용하는 음식점이다. 로마에서 공부하는 각국 신부님들은 대부분 교황청에서 인가한 신학원에서 생활한다. 공부하는 것도 중요하지만 사제에 합당한 삶을 사는 것이 더 중요하기 때문이다.

필자는 6년 동안 로마에서 공부하면서 4년은 포르투갈 신학원, 마지막 2년은 스페인 신학원에 기거하면서 학교에 다녔다. 신학원은 주로 의식주를 해결하는 공간이자 기도 생활 및 전례 생활 그리고 사제들 간에 친교를 나누는 곳이다. 당시 스페인 신학원에는 로마에서 공부하는 스페인 신부님 100여 분과 남미 신부님 다섯 분 정도, 그리고 유일한 동양인 신부인 필자가 살고 있었다. 층별로 2주에 한 번씩 조별 모임을 가졌는데 가끔은 이 음식점에서 모이곤 하였다. 필자가 공부를 마치고 떠나올 때 신학원의 같은 조 신부님들이 필자에게 송별회를 베풀어 준 식당이기도 하다.

이날 음식점에는 우리 순례단 외에도 가족 단위로 식사하러 온 사람이 많았다. 예전에 이 집에서 자주 주문했던 요리 중 하나는 한국에서 먹을 수 없는 호박꽃 튀김이었다. 옛 추억을 떠올

필자가 유학 시절 스페인 신학원 신부님들과 매일 미사 드리던 모습.

유학 시절 송별 만찬을 했던 스페인 신학원 근처 동네 레스토랑에서 점심 식사를 했다.

리며 호박꽃 튀김을 주문했는데 특별한 음식이라고 모두들 만족해하였다.

식사를 마치고 나갈 때 신부님 5~6분이 식사하러 들어왔다. 혹시 스페인 신학원에 사는 신부님들이 아닌가 하여 대화를 시작했는데 예측이 맞았다. 과거 스페인 신학원에 살았다고 필자를 소개하니 더욱 반가워했다. 그 당시에도 스페인 신부님들은 유일한 동양인 사제인 나에게 늘 관심과 배려를 아끼지 않으셨다. 또한 내가 스페인 성인에 관한 박사논문을 쓰고 있다고 해서 그런지 더욱 특별히 대해 주었다.

식사 후 도미틸라 카타콤바로 향했다. 원래는 갈리스토 카타콤바에 가려 했으나 그곳이 당분간 폐쇄되었다고 하여 대신 도미틸라로 행선지를 바꾸었다. '카타콤바' 하면 신앙인들이 박해를 피해 미사를 드린 곳으로만 생각하기 쉬운데 사실은 로마시대의 지하 공동묘지이다.

주로 화산재가 쌓여 형성된 로마 지질은 지형의 특성상 땅을 파 들어가기 쉽고, 반대로 그곳에 공기가 닿으면 단단해지는 성질이 있다. 따라서 로마시대에는 지하 묘지를 조성하는 게 그리 어렵지 않은 일이었다고 한다. 그리스도인이나 비그리스도인이나 거의 모두 카타콤바에 묻혔고, 그리스도인의 무덤은 밀봉 후 외벽에 물고기, 올리브나무, 비둘기, 착한 목자상 등의 문양을 새겨서 그리스도 신자 무덤이라는 것을 암묵적으로 표시하곤 하였다.

로마 박해 시대에 우리 그리스도인들은 카타콤바에서 미사 전례나 기타 여러 모임을 가졌는데 이곳이 로마 군사들이 함부로 접근할 수 없는 가장 안전한 곳이었기 때문이다. 설령 로마 군사들이 미행을 한다 해도 길을 잃으면 죽을 수 있기 때문에 함부로 카타콤바 내부에 접근하지 않았다고 한다. 이렇게 카타콤바는 그리스도인들에게 현실적인 피난처였으며 하느님을 찬미하는 전례를 하는 교회였고, 또한 죽어서도 서로 가까이 있고 싶어했던 안식처라고 할 수 있겠다.

도미틸라 카타콤바는 4세기 초에 순교한 성 네레오와 성 아킬레오(로마 군인으로 순교함.) 무덤이 이곳에 마련되면서 그리스도인들의 무덤이 본격적으로 늘기 시작한 곳이다. 당시 그리스도인들은 두 성인의 무덤 가까이에 자신의 무덤을 마련하기 위해 앞다퉈 몰려들었다고 한다. 교회 박해가 끝나고 다마소 교황은 카타콤바 입구에 작은 성당을 지어 지하 2층에 있던 두 성인의 무덤을 이장하였다. 그러다 897년 발생한 지진으로 성당이 무너지면서 카타콤바도 역사에서 종적을 감추었고, 19세기 이후 카타콤바 유적 발굴을 통해 도미틸라 카타콤바가 오늘날의 모습으로 세상에 드러나게 되었다.

도미틸라 카타콤바 입구.

우리는 옛 그리스도교 신자들이 전례나 집회를 했던 카타콤바 내부 공간에서 주일미사를 봉헌하였다. 미사를 드리면서 신앙을 지키기 위해 땅속 무덤까지 마다하지 않고 내려갔던 초기 그리스도교인들의 불굴의 신앙과 희생을 묵상하였다. 그리고 이날 '주님 봉헌 대축일'을 맞이하여 봉헌의 의미를 생각해 보았다.

봉헌의 삶은 수도자뿐만 아니라 우리 모두가 살아야 하는 삶이다. 왜냐하면 하느님께 우리 자신을 봉헌함으로써 우리 자신이 하느님의 소유라는 것이 드러나기 때문이다. 오늘 복음에서 성모님과 성 요셉이 아기 예수를 봉헌한 것처럼 이스라엘 사람들이 율법에 따라 태어난 지 40일째 되는 날 아이를 성전에 봉헌한 이유는 아이가 하느님의 소유임을 기억하기 위해서다. 우리

도미틸라 카타콤바 지하 경당 제단에서 미사를 집전했다.

도 나 자신을 어디에 봉헌하느냐에 따라 그것에 속하게 된다. 다시 말해 내 시간을 쓰고, 내 재물을 쓰는 그것에 나는 속해 있지 않은가? 초기 그리스도교 신자들은 마음을 다하고 정성을 다하고 힘을 다하여 자신들을 하느님의 일에 쏟았기에 그들은 하느님께 자신을 봉헌한 분들이다. 과연 우리는 어디에 속해 있는지, 누구의 소유인지 생각해 볼 일이다. 우리 일행은 박해 중에서도 신앙을 유지했던 초기 신자들의 모습을 떠올리며, 그분들이 숨어서 미사를 봉헌했던 바로 그 장소에서 미사를 봉헌하니 참으로 가슴 뭉클하고 벅찼다며 각자 감회를 피력했다.

도미틸라 카타콤바를 떠나 로마 시내로 들어가서는 라테란 대성당과 성 계단 성당, 성모마리아 대성당을 돌아보았다. 라테란 대성당은 풍부한 역사적 의미를 간직하고 있는 곳이다. 우선 이곳은 최초로 공인된 지상에 세워진 성전이다. 313년 밀라노칙령으로 그리스도교가 공인되고 이어 곧바로 성 베드로, 성 바오로 성당이 지상 성전으로 세워지기 시작했지만 라테란 성당이 최초의 성전이 된 이유는 이미 콘스탄티누스 대제의 어머니 헬레나 성녀가 살고 있던 라테란 궁전을 교황님께 봉헌했기 때문이다. 교황님께서는 이 궁전의 일부를 리모델링하여 성전으로 사용하셨다. 따라서 이곳이 바티칸 베드로 대성당보다 12년 먼저 세워진 첫 번째 지상 성전이 되었다. 그리고 이곳은 그리스도교 공인

이후부터 교황청을 아비뇽으로 옮기기까지 1000년 동안 교황님이 거주하던 교황청으로 쓰였다. 1377년 교황님이 아비뇽에서 다시 로마로 왔는데 이때부터 교황청을 현재의 바티칸으로 옮겨 지금에 이르고 있다. 그리고 1300년 보니파시우스 8세 교황님께서 이곳에서 교회사상 최초로 성년을 선포하였다.

라테란 대성당은 여러 세기에 걸쳐 약탈과 방화, 천재지변으로 원래의 모습을 거의 잃고 지금에 이르렀다. 성당 내부에 들어서면 중앙 통로 좌우에 있는 거대한 열두 사도 대리석상들이 한눈에 들어온다. 중앙 정문은 로마제국 시대에 원로원의 청동 출입문을 이곳에 가져온 것이라 한다. 2000년의 세월을 견뎌 내는

라테란 대성당 전경. 라테란 성당은 최초의 지상 교회였으며,
아비뇽 유수 전까지 교황청이 이곳에 있었다.

출입문을 제작한 장인의 능력에 감탄을 금할 수 없다. 라테란 성당이야말로 이민족의 침략과 약탈, 파괴가 특히 심한 곳이었다. 이 성당을 돌아보면서 우리 교회가 역사의 풍파를 견디면서 지금에 이르고 있음을 되새길 수 있었으며, 문득 "이 세상 그 어떤 아름다운 꽃들도 다 흔들리면서 피었나니"라는 도종환 시인의 시 〈흔들리며 피는 꽃〉이 생각났다.

라테란 성전과 길 하나를 사이에 두고 '성 계단 성당'이 있다. 이 성당에는 헬레나 성녀가 예루살렘 빌라도 총독 관저에서 옮겨 온 대리석 계단이 있다. 예수님께서 빌라도 법정에서 재판 받을 때 가시관을 쓴 채 심한 채찍을 맞으며 계단을 올라 빌라도 앞에 서셨다. 빌라도는 예수님과 바라바를 두고 누구를 풀어 줄 것인지 군중에게 물었다. 그때 예수님께서 피를 흘리면서 오르셨던 계단이 바로 이 성 계단이다.

모두 28개의 대리석 계단 위에는 아직도 예수님이 흘리신 핏자국이 몇 군데 보전되어 있다. 성 계단 성당에 순례를 오신 많은 분들은 예수님의 십자가 희생을 기억하면서, 그리고 주님께 은총을 청하며 무릎으로 이 계단을 오른다. 우리 일행 중 몇 분도 용기를 내어 무릎으로 이 계단을 오르셨다. 필자 역시 이번 성지순례를 아무 탈 없이 마칠 수 있도록 은총을 베풀어 달라고 이 성 계단을 무릎으로 올랐다. 지금까지는 머리로만 예수님 수난에 참여했지만 이곳을 무릎으로 기어오름으로써 우리도 조금이나마 몸으로 예수님 수난에 참여할 수 있었다. 그 기도 덕분이었는지 우리 순례는 그 어떤 불미스러운 사고 하나 없이 무탈하게 잘 끝났다.

이번 이탈리아 성지순례가 처음인 남 교수님께서는 3가지 청원 기도를 하며 무릎으로 계단을 오르셨다고 했다. 그리고 놀랍게도 3가지 중 하나를 그다음 날 바로 응답받았다고 하셨다. 몸소 실천하며 함께하는 기도는 우리의 진심이 실리고, 주님과 일치되어 빨리 응답받을 수 있나 보다. 하지만 여기에만 머무르지 말고 예수님처럼 "주님, 내 뜻대로 하지 마시고 아버지 뜻대로 하소서!"의 태도로 기도드리며 하느님을 결코 내 뜻대로 조종하려는 시험에 들지 말아야겠다.

밖은 약간 어둑해지고 있었지만 우리는 이날 마지막 순례지인 '성모마리아 대성당'으로 향했다. 이 성당은 '설지전 성당'이라고 불리기도 한다. 이 성당이 세워지게 된 기적적인 사건 때문에 붙여진 별칭이다.

352년 8월 5일 아침 로마 시민들은 기이한 광경을 목격하였다. 바로 이곳에 흰 눈이 소복이 쌓인 것이다. 연중 가장 더운 8월에 눈이 온다는 것은 상상할 수 없다. 그런데 바로 전날 밤 로마에 사는 요한이라는 귀족이 꿈을 꾸었는데, 꿈속에 성모님이

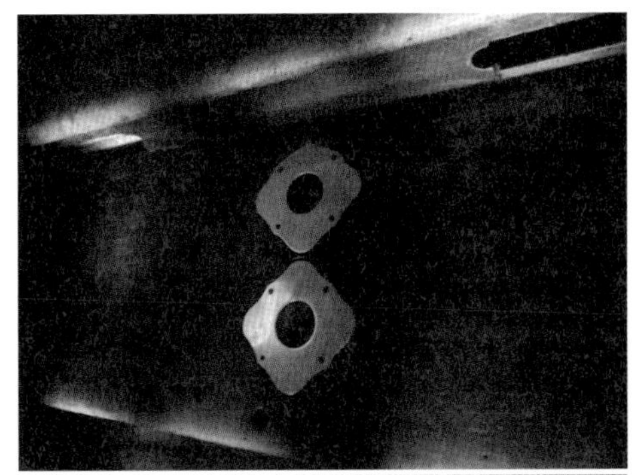

예수님께서 빌라도에게 재판받기 위해 오르신 빌라도 법정 계단을
헬레나 성녀가 예루살렘으로부터 가져와 '성 계단 성당'을 지어 설치했다.
지금은 보호를 위해 성 계단을 나무로 덮고 예수님의 핏자국만
보이도록 유리로 만든 모습.(위) 성 계단을 무릎으로 오르는 신자들.(아래)

나타나시어 "내일 아침 내가 일러 준 장소에 가면 눈이 쌓여 있는 것을 볼 것인데, 그곳에 나를 기념하는 성당을 세워라" 하고 말씀하셨단다. 당시 요한은 나이가 많고 자식이 없어서 자신의 재산을 어떻게 할까 생각하던 중이었다고 한다.

요한은 리베리오 교황님을 찾아가 간밤의 꿈 이야기를 했는데 교황님께서 깜짝 놀라시며 당신도 똑같은 꿈을 꾸었다고 했다. 두 분은 곧바로 에스퀼리노 언덕에 있는, 성모님이 일러 준 장소로 갔는데 실제로 눈이 소복이 쌓여 있더라는 것이다. 이 사실을

'설지전 성당'이라 불리는 이유를 설명해 주는 성모마리아 대성당 내 파올리나 경당 내부의 벽면 조형물. 이 작품은 교황 리베리오가 한여름에 눈이 왔음을 확인하는 장면을 묘사하고 있다.

목격한 교황님께서는 요한에게 성모님을 기념하는 성당을 짓도록 명하셨고, 그 후 이 성당은 '설지전 성당', 즉 눈이 내린 곳에 세운 성당으로 불린다.

설지전 성당은 천주의 모친인 성모님에 대한 공적인 공경이 시작된 에페소 공의회(451년) 이후 대성당의 규모를 갖추면서 여러 차례 수리는 하였지만 5세기의 골격은 그대로 유지되고 있어 로마 4대 성당 중 옛 모습이 가장 잘 보존되어 온 곳이라 할 수 있다. 중앙 제단 아래쪽에 성 구유 경당이 있는데 이곳에는 베들레헴의 예수님 탄생 마구간에서 가져온 것으로 전해지는 말 구유가 있다.

이번 순례에서는 이곳 경당 안까지는 들어갈 수가 없어 먼발치에서 간단히 경배를 드렸다. 비록 보잘것없는 마구간에서 탄생하셨음에도 불구하고 인류의 구원자임을 알아본 동방박사들처럼, 우리도 그들만큼 지혜는 갖추지 못했지만 가장 미소한 자들에게서 예수님을 알아보는 은총을 청해야겠다.

이 성당 순례를 끝으로 오늘 일정을 마치고 저녁 식사를 위해 로마에 있는 한식당으로 갔다.

성모마리아 대성당 전면.

Day 4－2

스페인 신학원 근처 식당(호박꽃 튀김) _ 도미틸라 카타콤바 _ 라테란 대성당 _ 성 계단 성당 _ 성모마리아 대성당('설지전 성당') _ 한식당

예수님과의 만남 그리고 변화

전날 우리는 하루 만에 로마 4대 성당을 모두 순례하였다. 물론 바티칸 베드로 성당 내부는 그 다음날 순례할 예정이지만 전날 바티칸 광장까지는 돌아보았으니 4대 성당을 모두 찍고 온 셈이다. 이 4대 성당 순례는 신자로서, 그리고 로마에 순례 온 사람이면 반드시 순례해야 할 코스이기도 하다. 로마 4대 성당은 교회를 대표하는 성인들에게 특별히 봉헌된 성당이다. 예컨대 성 베드로 대성당은 베드로 성인에게, 바오로 성당은 바오로 성인에게, 라테란 성당은 세례자 요한과 사도 요한에게, 설지전 성당은 성모님께 봉헌되었다.

이분들은 어느 왕가나 귀족의 자제가 아니라 우리처럼 평범한 집안에서 태어났다는 공통점이 있다. 성 베드로는 어부였다. 이런 평범했던 어부가 어떻게 예수님께서 그의 이름 베드로, 즉 반석 위에 교회를 세우시겠다고 선포하신 바 그대로 12사도의 수장으로서 교회의 기둥이 될 수 있었을까? 성 바오로의 경우도 완고한 율법학자였던 사울이 어떻게 예수님의 복음을 전파하는 가장 위대한 선교사로 바뀔 수 있었는가? 아이를 낳을 수 없는 연로한 부모님에게서 태어난 세례자 요한은 어떻게 '인간의 배 속에서 나온 사람' 중 가장 위대한 사람이 될 수 있었나? 성모님의 경우 가난한 나자렛 시골 처녀에서 어떻게 '사도들의 어머니', '예수님의 어머니'가 될 수 있었나? 이렇게 우리와 별반 차이가 없는 평범했던 이들 성인이 어떻게 후대 사람들이 큰 성전을 지어 봉헌할 정도로 위대한 성인이 되었을까?

이들이 거룩한 성인이 되고 존경받았던 핵심적 이유는 한 가지이다. 그분들이 각자 예수님을 만나 예수님처럼 거룩해지고 온전해졌기 때문이다. 우리도 부족하지만 순례를 통해, 예수님을 만나 성인들처럼 거룩해질 수 있다는 희망을 갖게 된 것이 순례의 큰 소득이 아닐까 싶다.

그러나 복음서에 의하면, 예수님을 만났지만 거룩한 사람이 되지 못하는 경우도 있다는 것을 알 수 있다. 이날 복음 마르코 5, 1-20절에 나오는 게라사의 악령 들린 사람에 대한 내용이 그것을 말해주고 있다. 예수님은 악령 들린 사람을 구마하여 악령을 밖으로 나오게 했다. 그 악령들은 돼지 떼 속으로 들어갔고, 돼지 떼는 비탈길을 달려가 호수에 빠져 죽고 말았다. 그때 동네 사람들은 마귀 떼를 퇴치하고 악령 들린 사람이 되살아났다는 사실을 기뻐하기보다는 돼지 떼가 호수에 빠져 죽음으로써 경제적 손실이 발생했다는 사실에만 사로잡혀 예수님을 자기 고장에서 떠나 주십사 하고 청한다. 예수님은 그들에게 다가갔지만 그들은 예수님을 받아들이지 않았고, 그래서 그들은 거룩해질 수 있는 기회가 있었지만 성인들처럼 거룩해질 수 없었다.

오늘날 우리 교회 안에도 신자가 되긴 했지만 예수님을 우리 안에 영접하지 못하는 신자들이 많다. 신앙생활을 형식적으로만 하거나 예수님과 소원한 관계로 살아가는 냉담기의 신자들이 그들이다. 우리 자신도 신앙생활을 의무적으로 하면서 예수님과 소원한 관계로 살아가는 냉담기를 겪을 때가 있다. 예수님

로마 시내 호텔 홀에서 가진 새벽 미사. 하루의 모든 일정은 미사로부터 시작되었다.

을 영접하여 예수님이 나의 모든 것이 될 때 우리도 성인들처럼 온전히 변화하게 될 것이다. 그러나 예수님이 나의 전부가 아닌 일부, 나의 액세서리로만 머물 때 예수님께서 나에게 오시는데도 복음의 돼지 치는 사람들처럼 오히려 "우리에게서 떠나 주십시오"라고 말하게 될 것이다.

아침 8시경 순례 버스로 바티칸 근처 '천사의 성'이 있는 테베레 강변에 도착했다. 이날은 순전히 도보로만 로마 시내를 순례하기로 되어 있었기에 버스는 일정이 끝날 무렵인 저녁 6시경 콜로세움 근처로 우리를 다시 태우러 오기로 했다. 이날 경로는 오

테베레 강변에 있는 '천사의 성'. 그레고리우스 교황님과 신자들이 당시 전염병 퇴치를 위해 기도드렸던 곳이다.

전에는 로마 시내에 있는 몇몇 성당을 순례하고, 오후에는 로마 시내에 있는 대표적인 역사 유적지, 특히 포로 로마노와 콜로세움을 돌아보는 것이었다.

차에서 내리자 우리 앞에 '천사의 성'이 우뚝 서 있었다. 이 성은 로마 황제 아드리아노가 130년경 자신과 가족들의 무덤으로 만들었다가 중세기 이민족들의 침략 때 교황님의 피신처로 사용되면서 점점 요새화된 곳이다. '천사의 성'이란 이름은 서기 590년경 로마에 흑사병이 창궐하였을 때 얻게 되었다고 한다. 당시 사람들은 이것이 하느님의 징벌이라 생각하였다. 그레고리우스 교황님께서는 신자들과 함께 전염병 퇴치를 위해 기도하고, 회심하는 마음으로 행진하자고 촉구했다. 행진 도중 많은 사람이 천사의 성 꼭대기에서 미카엘 대천사가 칼집에 칼을 꽂는 환영을 보았고, 교황님께서는 대천사로부터 "하느님께서 심판을 거두시고 평화를 주실 것"이라는 메시지를 받았다고 한다. 그 후 그토록 맹위를 떨치던 페스트가 사라졌다고 한다.

우리가 순례하던 당시 중국에서 코로나 확진자가 폭증하여 세계가 긴장 상태였고, 이탈리아에서도 확진자 3명이 발생하자, 코로나 경계경보가 취해졌다. 전염병은 고대부터 인간 사회의 존립을 위협하는 재난이었다. 우리가 잘 알고 있듯이 1300년대 유럽에 흑사병 창궐로 인하여 서양 중세 사회가 무너졌다. 오늘날

의학이 발달했다고 하지만 바이러스 백신을 개발하기 어렵다고 한다. 신종, 변종 바이러스들이 끊임없이 나타나기 때문이다.

《바이러스 폭풍의 시대》의 저자 네이선 울프는 급증하는 신·변종 바이러스 창궐 원인을 3가지로 꼽았는데 '밀림 개발, 가축 증가, 일일생활권'이 그것이다. 즉, 밀림에 있어야 할 야생동물들이 개발로 밀려 나오고, 인간이 가축을 가까이 키우면서 바이러스와 접촉이 잦아지고, 그 바이러스가 하루 만에 비행기를 매개로 온 세계로 퍼진다는 것이다. 우리 시대는 개발 이데올로기에 사로잡혀 생명의 질서를 무시하는 무분별한 개발로 지구 생태계가 몸살을 앓고 있다. 지구 생태계가 몸살을 앓고 있는 결과로 신종 바이러스가 생겨난 것이리라!

우리는 창궐한 바이러스만 볼 것이 아니다. 하느님의 창조 질서를 무시하고 개발이라는 미명하에 생태계를 무분별하게 파괴하는 것이 곧 신·변종 바이러스 창궐의 근원적 원인임을 알아야 할 것이다. 그리고 모든 생명체의 공동의 집인 지구를 보존하는 일이 얼마나 중요한지 깊이 깨달을 수 있는 은총을 청해야겠다. 무엇보다도 편리함과 풍요의 과욕에서 벗어나 창조 질서에 따라 분수에 맞게 살기 위해 우리 각자의 회심이 필요하다.

Day 5－1

테베레 강변 '천사의 성'

예수님 수난의 흔적들

우리는 천사의 성 안으로 들어가 지 않고 외관만 구경하고 성 앞의 다리를 건넜다. 이 다리는 로마시대에 '엘리오의 다리'라고 불리다가 지금은 '천사의 다리'라고 불린다. 그렇게 명명된 연유는 바로코 시대 조각의 거장 베르니니와 그 제자들이 이 다리 위에 10개의 천사상을 제작하였기 때문이다.

오리지널 천사상은 2개만 남아 있고(성 안드레아 델레 프라테 성당에 있다.) 지금 세워져 있는 것은 모두 복제품이다. 복제품이라 해도 대단한 작품으로 보였고, 원본 천사상을 보았을 때는 찬탄을 금치 못했다. 어떻게 이토록 섬세하게 조각할 수 있었을까? 어떻게 돌 안에 이러한 감정과 표정을 새길 수 있었을까?

공부가 끝나고 가끔 로마에 올 때 이 천사의 다리를 건너곤 했

천사의 다리는 과거 이탈리아 북부에서 온 순례자들이 성 베드로 대성당으로 갈 때 건너는 순롓길이었다. 다리를 건너기 전 환전을 해 주는 은행이 있었고, 이곳에서 환전 후 마음을 가다듬고 이 다리를 건넜다고 한다. 천사 조각상이 어떤 목적으로 제작되었는지를 짐작할 수 있었다. 순례자들은 이 다리에 조각된 천사상의 손에 들려진 도구들을 보면서 예수님의 수난을 묵상하는 시간을 가졌을 것이다. 조각된 천사상의 손에는 예수님께서 수난당하실 때 사용된 도구들, 십자가, 못, 가시관, 창, 십자가 위에 달린 명패, 베로니카 수건, 예수님의 벗겨진 옷, 채찍, 고문 때 묶인 기둥, 해면이 달린 막대기가 각각 들려 있다.

'천사의 다리' 위에 설치된 10개의 천사상(왼쪽)과 확대된 천사상 모습.

다. 그때 예수님의 수난을 기억하게 하는 도구들을 바라보면서 예수님의 수난의 의미를 떠올리곤 했다. 필자는 로마에서 공부하면서 많은 것을 배웠다. 여러 언어를 비롯하여 성경과 성인들, 이탈리아 문화와 로마 역사에 대한 다양한 지식을 배우고 익혔다. 하지만 누가 나에게 유학 생활을 통해 얻은 가장 소중한 지식 한 가지를 꼽으라면 '예수님의 수난에 대한 깨달음'이라고 말하고 싶다.

우리는 십자가, 못, 가시관, 채찍 등을 바라볼 때 '예수님께서 얼마나 큰 육체적 고통을 당하셨을까?' 하는 생각이 우선 떠오른다. 인간으로서 참기 힘든 육체적 고통 앞에서 예수님께서 수동적으로 반응하지 않으셨다는 점에 주목할 필요가 있다. 예수님께서는 당신이 겪는 고통을 고통으로만 새기지 않으시고 당신처럼 죄없이 고통당하는 사람들과 함께하기 위한 도구로서 당신의 고통을 받아들이시고 감내하셨다. 다시 말해 당신의 고통을 '겪어 내야만 하는 도구'에서 '고통을 함께 나누는 연민의 도구'로 변화시켰다. 축성을 통해 빵과 포도주가 예수님의 살과 피로 성 변화되듯이, 예수님께서 당하신 '고통'(passion)은 예수님 안에서 '동정과 연민'(com-passion)으로 성 변화를 이루어 고통받는 사람들을 치유하는 기적의 통로가 되었다.

예수님께서는 이러한 성 변화의 능력으로 이 세상을 구원하시고자 한 것이다. 그리고 이러한 성 변화의 능력을 가진 당신께 오라고 우리를 초대하셨다. 우리의 고통도 예수님의 성 변화의 능력 안에서 동정과 연민의 마음으로 변모되어야 하리라. 그리고 바오로 사도의 고백처럼 "이제 예수 그리스도가 내 안에 살게 된다"면 우리도 성 변화의 능력을 갖게 되고, 그 능력으로 다른 사람을 구원으로 이끌 수 있게 될 것이다.

천사들이 들고 있는 수난의 도구 하나하나를 차례로 묵상하면서 순례를 진행해야 하지만 우리는 사진 찍고 지나가는 데만 급급하였다. 그래도 사진이라도 찍어 놓아서 다행이다. 언제든 펼쳐 보며 예수님의 수난을 묵상하는 기회를 가질 수 있으니!

이어서 천사의 다리를 건너 샛길이지만 중세 시대 순롓길이던 '비아 코로나리'를 지나 나보나 광장으로 향했다. 나보나 광장은 로마인들이 지금도 여전히 사랑하는 광장이며 일반 관광객이 가장 많이 찾는 곳 중 하나이다. 로마시대 때 이곳은 원형경기장이 아닌 일반 경기장, 즉 스타디움이었다. 배(라틴어로 '배'는 Nave이다.)와 연관된 경기를 하는 곳이어서 '나보나'라는 이름을 얻게 되었다고 전해진다.

우리 신자들에게는 이 광장이 아네스 성녀와 관련된 곳으로 알려져 있다. 성녀께서는 13세의 나이로 이곳에서 모욕을 당하시고 목이 잘려 순교하였다. 그래서 성녀 아네스 순교 성당이 이곳에 세워졌고, 성녀의 두개골이 이곳에 보존되어 있다. 이 광장은 17세기에 단장되었는데 광장 중앙에 베르니니의 작품 '4대

강 분수대' 조각상이 있고, 지금까지 브라질대사관으로 사용되고 있는 밤필리 가문의 빌라가 있다.

나보나 광장 근처에는 성당이 많다. 그중에 유학 시절 즐겨 찾던 성당 두 곳을 이번 순례지로 선택했다. 성 아우구스티누스 성당과 프랑스 왕이었던 루이 9세에게 봉헌된 성 루이지 성당이다. 성 아우구스티누스 성당은 아우구스티누스 수도회 성당이지만 로마 사람들이 즐겨 찾는 성당이기도 하다. 특히 불임과 난임으로 힘들어하는 부부들과 자녀 때문에 고통받는 부모들이 이 성당에 와서 눈물로써 기도드린다고 한다.

성당 출입문으로 들어가자마자 왼쪽에 아기 예수님을 안고 있

나보나 광장. 베르니니의 작품 '4대 강 분수대' 오른쪽으로 성녀 아녜스가 순교하신 자리에 성녀의 순교를 기념하는 성당이 세워졌다.

는 성모상이 모셔져 있다. 이 성모상은 여느 성모상처럼 자애로움과 단아함을 풍기는데 특별한 점은 성모상 주변에 여러 가지 리본이나 아기 용품들, 아이 사진들이 걸려 있음을 볼 수 있다. 수세기 동안 많은 분들이 이 성모상 앞에서 기도 후 응답을 받았다 하여 이 성모상은 '출산의 성모상'으로 불린다. 아이를 갖게 된 분들의 감사와 기쁨, 그리고 자녀 잉태를 원하는 분들의 간절함이 그곳에 매달린 소품들을 통해 절절히 느껴졌다.

제단을 바라보았을 때 왼쪽에 모니카 성녀의 유해가 모셔진 경당이 있다. 원래 성녀의 무덤은 성녀께서 운명하신 '오스티아 안티카'에 있다가 이 성당이 세워진 1430년 이곳으로 이장되었다.

성 아우구스티누스 성당 한 경당에 모셔진 모니카 성녀의 무덤.

성 아우구스티누스와 어머니 성녀 모니카에 대한 이야기는 우리에게도 잘 알려져 있다. 그들의 이야기는 아우구스티누스 성인이 쓴 자서전《고백록》에 잘 나타나 있다. 성녀는 아들이 마니교에 빠지자 성 암브로시우스 주교를 찾아가 한 번만 아들을 만나 타일러 달라고 조르고, 그때 주교님으로부터 "눈물로 매달리는 어머니의 기도를 하느님께서는 결코 헛되게 하지 않으신다"는 조언을 듣는다. 그 조언에 따라 매일 더욱더 눈물로 하느님께 매달렸다. 아들에 관한 일이라면 "하느님의 자비를 마치 하느님이 발부하신 채무증서나 되듯이 하느님께 마구 꺼내 보이며" 매달린 것이다. 하느님께서는 이 어머니의 간절한 바람에 응답하였고, 이런 바람이 이루어지자 성녀는 서둘러 이승을 떠난다. 세상을 떠나기 전 모자간에 나누었던 대화는 가슴이 시리도록 감동적이다. 그 대화가《고백록》9권에 잘 나타나 있다. "당신 눈에 저를 살아 있게 하려고 저를 두고 여러 해를 울었던 어머니……." (9.12.33) "아들아, 나로 말하면 이승살이에서는 이미 아무것도 재미가 없어졌다. 이 세상에 대한 희망이 다 채워진 마당에 여기서 아직도 뭘 해야 하는지, 왜 여기에 있어야 하는지 모르겠구나." (9.10.26) "이 몸이야 아무 데나 묻어라. 그 일로 너희가 조금도 걱정하지 마라. …… 하느님께 멀리 떨어진 것은 아무것도 없단다. 세상 종말에 그분이 어디에서 나를 부활시켜야 할지 모르실까 봐 두려워할 필요는 없단다. …… 오직 한 가지 부탁이니 너희가 어디 있든지 주님의 제단에서 나를 기억해 다오." (9.11.27-28)

우리 일행은 모니카 성녀 무덤 앞에서 성녀의 삶을 떠올리며 잠시 묵상했다.

필자도 중학교 3학년 때 황망하게도 갑작스럽게 세상을 떠나신 모친 생각이 났다. 저녁에 마실을 다녀오신 후 새벽녘에 갑자기 아프시다가 3시간 만에 운명하셨다. 필자는 하느님의 대전에 가시는 어머니 곁을 지켜 드리지 못했다. 대신 장남이신 큰형님께서 어머니 임종을 지키셨다. 어머니는 눈을 감으시는 마지막 순간까지도 당신의 막내아들이 마음에 걸리셨는지 형님께 거듭 부탁하셨다고 한다. "네가 막둥이를 잘 돌봐야 한다."

천상에 계시는 어머니! 주님의 제단에서 늘 당신을 기억할 것입니다.

Day 5 – 2

'천사의 다리' _ 나보나 광장 _ 성 아우구스티누스 성당(모니카 성녀 무덤)

동정과 연민의 눈길 그리고 치유

우리 일행은 아우구스티누스 성당에서 나와 그곳에서 얼마 떨어지지 않은 성 루이지 성당으로 갔다. 성 루이지 성당은 프랑스 왕 루이(Louis) 9세에게 봉헌된 성당이다.

루이는 이탈리아어 발음으로는 루이지(Luigi)이다. 한국 가톨릭교회에서는 성왕 루이 9세 국왕을 '성 루도비코'로 표기한다(축일은 8월 25일). 11명의 자녀의 아버지로, 그리고 독실한 가톨릭 군주로서 모범적인 삶을 살았으며, 스스로 프란치스코회 제3회원으로 활동할 정도로 프란치스코회의 이상에 공감하였기에 금욕과 청빈, 자선을 직접 실행했다. 나병 환자와 맹인들을 왕실에서 세운 구호소에서 직접 돌봐주고 빈민들의 발을 손수 씻어 주는 등의 선행을 하셨기에 백성들에게 존경을 받았다고 한다.

이 성당은 로마의 다른 성당들과는 달리 늘 학생들로 붐빈다. 우리가 이 성당을 방문했을 때도 현장학습차 온 것으로 보이는 학생들이 성당 입구에 모여 있었다. 이 성당에 학생들이 많이 오는 이유는 이탈리아의 유명한 화가 카라바조의 작품을 보기 위해서다.

이 성당 내부 한 경당에 그려진 카라바조의 세 작품은 성경을 주제로 한 〈마태오를 부르심〉, 〈영감을 받아 성경을 쓰는 마태오〉, 〈마태오의 순교〉이다. 로마에 있는 많은 성당 중 우리 일행이 이 성당에 오게 된 까닭은 아마도 주님께서 〈마태오를 부르심〉이라는 작품을 감상하면서 우리 각자의 부르심에 대해서도 묵상하도록 하기 위함이었으리라.

마태오 복음에 쓰인 대로 예수님은 세관에 앉아 있는 마태오를 보시고 그를 부르셨다.

"나를 따르라." (마태 9, 9)

우리는 이 세상에 왜 태어나게 되었는가? 나는 왜 신자가 되었는가? 하느님의 부르심이 있었기 때문이다. 우리는 어떤 계기를 통해 각자 세례를 받고 신자가 되었다. 그 계기가 바로 하느님의 부르심이다. 마태오 사도도 세관에 앉아 있다가 부르심을 받고 예수님을 따랐다.

"나를 따르라"는 예수님의 부르심은 무작정 따르는 데 있지 않

성 루이지 성당에 있는 카라바조의 작품 〈마태오를 부르심〉(1599).
예수님(맨 오른쪽)이 세리였던 마태오를 부르는 순간
창문을 통해 그에게 빛이 비친다.

고 내면의 변화를 거친다. 첫 번째 따름은 우선 예수님의 부르심을 받고 자신이 애착하고 있는 세계로부터 새로운 가치의 세계로 향해 가는 회심이다. 우리는 어떤 계기를 통해 세례를 받았다. 필자도 세례를 받게 된 계기가 있었다. 농부가 되고 싶다는 장래 희망이 고1 때《천국의 열쇠》라는 책을 읽고 사제가 되겠다는 강렬한 열망으로 바뀌었고, 이를 계기로 세례를 받게 되었다.

두 번째 따름은 매일매일의 생활로서 예수님의 부르심을 따르는 것이다. 생활로서 부르심을 따른다는 것은 매일매일의 생활 안에서 선택하고, 결정하고, 행동하는 것을 예수님의 방식으로 하는 것을 의미한다. 이 단계에서 우리는 예수님의 부르심을 제대로 따르지 못한다. 우리는 과연 어떤 기준으로 매사를 선택하고, 결정하고, 실행하고 있는가?

세례는 받았지만 우리는 세속의 기준에 지배를 받아 선택, 결정, 실행하는 때가 많다. 예수님은 우리에게 세속의 기준이 아닌 복음의 기준으로 살아가도록 초대해 주셨는데도 그것이 잘 안 된다. 예수님은 성령을 통해 어떤 상황, 어떤 순간에 우리가 선택하고, 결정하고, 실행해야 할 가장 적절한 단 하나의 기준을 깨닫게 하신다. 따라서 예수님을 따름은 세례 받음과 더불어 부름 받은 사람으로서 매일매일의 생활을 통해 예수님을 닮아 가는 것이다. 예수님을 따르겠다고 세례를 받았지만, 그리고 사제까지 되었지만 늘 한결같이 예수님을 제대로 따르지 못하고 있음에 송구스럽기만 하다.

성 루이지 성당 순례를 마치고 우리는 잠시 쉬어 갈 겸 판테온 근처에 있는 오래된 커피집에 들러 로마가 자랑하는 카페 에스프레소, 카푸치노를 각자 주문하여 마셨다. 나는 커피를 즐겨 마시는 편은 아니지만 유학 시절에는 로마 카푸치노의 맛과 향이 좋게 느껴졌다. 로마를 벗어나 카푸치노를 마시면 왠지 로마에서 먹던 그 맛이 나지 않았다. 로마의 수돗물과 커피 간의 무슨 조화가 있는지 맛이 특별하다.

간식 타임 후 판테온으로 이동했다. 지금은 '순교자의 성 마리아 성당'으로 쓰이고 있지만 로마시대에는 '만신전'이었다. 2000년 전 세워진 이 신전은 건축학적으로도 어마어마한 규모를 자랑하는데 돔의 지름만도 44.5m에 이른다고 한다. 미켈란젤로를 비롯하여 많은 이들이 르네상스 시대 당시 돔 성당을 짓기 위해 판테온 건축을 연구했다고 한다. 미켈란젤로는 성 베드로 대성당 돔을 설계할 때 대성당의 지름을 판테온보다 1m 작게 했다는 야사가 전해진다. 그 이유는 자기보다 1500년이나 앞서 위대한

로마의 유명한 커피집에 잠깐 머물렀지만 그곳에서 마신 카푸치노의 향기는 순례 기간 내내 우리 입가에 머물러 있었다.

건축물을 남긴 건축가에 대한 일종의 오마주(hommage)였다는 것이다. 고대 건축가들의 지식과 기술에 탄복하지 않을 수 없다.

점심을 먹기로 예약한 곳이 그레고리안 대학 근처 음식점이라서 그곳으로 가는 길에 몇 군데 의미 있는 성당에 들렀다. 시에나의 카타리나 성녀의 유해가 모셔져 있는 '산타마리아 소프라 미네르바 성당'을 찾았는데 보수 중이어서 들어가지는 못했다. 그리고 '성녀 막달레나 성당'에 들렀다. 그곳은 병원 전문 수도회인 카밀리아눔 소속 성당이다. 작지만 아늑하고 아름다운 성당이어서 유학 시절 하굣길에 자주 들르곤 했다. 우리가 방문했을

로마시대의 판테온 신전(만신전). 지금은 '순교자의 성 마리아 성당'으로 사용되고 있다.

카타리나 성녀의 유해가 모셔진 '산타마리아 소프라 미네르바 성당'. 성녀께서 로마에 오셨을 때 이 수도원에서 머무셨다고 한다. 성당 정문 오른쪽 벽면에 테베레강이 범람하여 홍수가 났을 때 차올랐던 수위가 표시되어 있다.

때 마침 성당 문이 열려 있어서 성 카밀로 성인의 유해가 모셔진 경당에서 기도드리고 성당 내부를 둘러보았다.

이어서 '성 이냐시오 로욜라 성당'으로 갔다. 이 성당은 이냐시오 성인의 시성을 기념하여 지어졌다. 참고로 1622년 3월 12일 교황 그레고리우스 15세에 의해 로욜라의 성 이냐시오, 아빌라의 성녀 테레사, 성 프란치스코 하비에르, 성 필립보 네리가 성인품에 오르셨다. 1626년 이 성당을 짓기 시작했는데 재정난으로 인하여 돔을 완성할 수 없었다. 그렇지만 궁여지책으로 기지를 발휘하여 돔 자리에 원근법을 이용하여 천장화를 그려 넣었다.

성 이냐시오 로욜라 성당 내부 전경. 실제로는 평평한 천장이지만
원근법을 적용하여 입체적으로 그린 천장화 덕분에 마치 돔이 있는 것처럼 보인다.

처음 이 성당을 방문한 사람들은 돔이 있다고 착각할 정도로 완벽하다. 부족함을 탓하지만 않고 어떻게든 역량을 발휘하여 상황을 극복해 낸 지혜가 놀랍다.

드디어 오전 마지막 목적지인 그레고리안 대학교에 도착했다. 처음 이곳을 방문하는 한국 사람들은 대학교가 어디 있느냐고 묻는다. 유럽 대학교들은 우리가 생각하는 캠퍼스가 없다. 길가에 건물만 서 있을 뿐이다. 그레고리안 대학교도 마찬가지다.

이 대학은 로욜라의 성 이냐시오가 1551년에 세웠다. 원래 대학이 위치한 곳은 이냐시오 성당이 있는 곳인데 1925년 지금의 위치로 이전했다. 이냐시오 성인께서는 당시 루터의 종교개혁에 따른 개신교의 확산을 막고 가톨릭교회의 정통 신앙을 수호하기 위한 목적으로 대학을 세우셨다. 이곳에서 공부했던 시절의 여러 상념들이 스쳐지나갔다. 지도 신부님과의 만남, 수업, 도서관에서의 공부, 시험, 성지순례 등등 다양한 일들이 주마등처럼 떠올랐다. 그중에 특히 2002년 1월 7일 오후 세미나 시간에 일어난 신앙 체험이 아직도 필자의 마음에 강하게 남아 있다.

그날 오전 수업 4교시가 끝나고 필자는 영성 지도 신부님께 전화를 걸었다. 신부님의 오후 세미나 수업에 참석하지 못할 것 같아 양해를 구하기 위해서였다. 사실 전날 심한 운동으로 몸 컨디션이 좋지는 않았지만 수업에 빠질 정도로 아픈 상황은 아니었다. 지도 신부님께서는 내 마음을 꿰뚫어 보시며 "너는 왜 하필

내 세미나 수업을 빠지려 하느냐?"고 약간의 질책을 하셨다. 나는 '내 세미나 발표가 끝났으니 점수는 나오겠지' 하는 마음으로 '몸 컨디션도 별로니 집에 가서 시험공부나 해야겠다'고 마음먹고 있었던 것이다.

하지만 필자는 지도 신부님의 질책으로 이해받지 못했다는 섭섭함에 분노가 치밀어 올랐지만 꾹 참고 오후 세미나 수업에 들어갔다. 교실 의자에 앉는 순간 하염없이 눈물이 흘러내렸다. 어릴 적부터 필자 홀로 겪었던 서운한 기억들, 타인에게 이해받지 못했던 순간들이 한꺼번에 쏟아졌기 때문이다. '내 마음을 헤아려 주는 사람은 이 세상에 한 사람도 없구나!'라는 마음의 상처,

필자가 공부한 그레고리안 대학교. 예수회를 창립한 로욜라의 성 이냐시오가 설립했다.

자기 연민 속에서 헤매다가 2시간의 세미나 수업을 겨우 마쳤다. '이쯤에서 유학 생활을 접고 귀국해야겠다!'고 마침내 비장한 결심을 하고 일어섰다. 그리고 나서 수업 후 지도 신부님과의 평소 하던 인사도 없이 냉큼 교실을 나와버렸다.

그 순간, 뜻하지 않게 신앙 체험을 하게 되었다. 수업을 하던 영성학부 건물 2층에서 1층으로 내려가는 계단 중간 벽에 그림이 한 점 걸려 있었다. 예수님의 십자가 수난을 초현실주의 기법으로 그린 것이어서 평소 이곳을 지날 때마다 탐탁지 않게 여기던 그림이었다. 예수님의 십자가 주변을 시뻘겋게 칠하고 그 앞에 성모님께서 푸른 눈물을 흘리는 모습, 그리고 여러 원색들을 난삽하게 휘갈겨 칠해 놓은 무질서한 그림이라 생각하고 '이토록 불경스러운 그림을 왜 이곳에 걸어 놓았나'라고 곱지 않게 생각하곤 하였다.

그런데 이날은 왠지 그

그레고리안 대학교 옆에 위치한 서점으로 필자가 유학중 주로 이곳에서 책을 샀다. 이번에 들렀을 때, 예전 서점 주인은 안 계셨고, 대신 그 아들이 책임을 맡고 있었다.

그림 속 십자가에 달리신 예수님께서 동정과 연민의 눈길로 필자를 바라보시면서 말씀하시는 것처럼 다가왔다.

"나는 너의 힘들고 외로운 순간에도 너와 늘 함께했었다."

갑자기 예수님의 이 말씀이 필자의 마음을 훤히 비추었다. 그동안 내 자신의 생각 속에 갇혀 '내 마음을 아무도 알아주지 못하는구나'라고 생각했는데 '예수님은 내 마음을 알고 계시고, 동정과 연민으로 나의 고통에 늘 함께하고 계셨구나'라는 확신이 밀려오면서 어린 시절부터 쌓여 왔던 한스러움과 서운함, 몰이해 등의 상처가 단번에 녹아 내렸다. 이 신앙 체험으로 필자는 자신을 보다 객관적인 눈으로 바라볼 수 있게 되었고, 십자가의 신비를 지식이 아닌 마음으로 깨닫게 되었다. 그 후 필자는 '내 마음을 거울처럼 비추어 응답하신' 지도 신부님을 더욱 신뢰하고 존경하는 제자가 되었다.

그레고리안 대학교 방문을 마치고 근처 레스토랑에서 점심을 먹었다. 2002년 1월 7일 지도 신부님께 질책을 받고 오후 세미나 수업을 듣기 위해 눈물의 빵을 먹던 곳이다. 레스토랑 주인에게 예전에 이곳에 왔던 기억을 이야기하니 친절하게 맞이하며 우리가 주문한 맛있는 피자와 스파게티를 내오셨다.

그레고리안 대학교 근처 레스토랑에서 우리는
다양한 음식을 시켜 점심식사를 했다.

 Day 5－3

성 루이지 성당 _ 유명 커피집 _ 판테온('순교자의 성 마리아 성당') _
산타마리아 소프라 미네르바 성당 _ 성녀 막달레나 성당 _
성 이냐시오 로욜라 성당 _ 그레고리안 대학교

천년 제국 로마와 그리스도교

점심 식사 후 우리는 트레비 분수를 거쳐 로마 제국의 중심지였던 '포로 로마노'로 향했다. 그곳에 도착해서 유적지 안으로 들어가지는 않고 그곳을 전체적으로 조망할 수 있는 지점에서 가이드의 설명을 들었다. 로마시대의 공공시설들이 들어서 있던 포로 로마노는 지금 폐허가 되었지만 남아 있는 유적지만으로도 로마 제국이 얼마나 웅대했는지 짐작할 수 있었다. 우리는 이곳 전망 포인트에서 로마 제국 시대의 시장, 공회당, 신전들, 개선문, 원로원 건물, 사도 베드로와 바오로가 갇혀 있던 감옥터, 왕궁이 있던 팔라티노 언덕 등을 한눈에 내려다볼 수 있었고, 한곳 한곳 그 위치를 확인하였다.

로마는 원래 테베레 강변에 건국된 자그마한 부족국가였다. 그럼에도 불구하고 훗날 세계를 제패한 로마제국으로 성장할 수 있었던 가장 중요한 이유는, 폼페이 유적지 순례에서 기술하였듯이 서로 소통하여 민주적으로 의사를 결정하는 구조와 공동의 이익을 대변하는 통치자를 선출하는 정치제도, 즉 기원전 509년경부터 실시된 공화정에 있었다. 그러나 국가가 점점 팽창하면서 국가 원로원을 통해 선출된 집정관(Consul)이 지역 간 갈등을 조정하고 여러 지역을 통솔하는 데는 한계가 있었다. 따라서 일부에서는 강력한 중앙집중적 왕정을 추구하기도 했다. 이런 가운데 율리우스 시저에 이르러 통치권이 그에게 집중되기 시작했고, 그의 양아들 옥타비아누스가 아우구스투스 황제로 등극(기원전 27년)함으로써 로마는 공화정에서 왕정으로 정치 시스템이 바뀌게 된다. 황제의 권위와 통치에 대한 절대 복종이 이루어지기 위해서는 황제가 단순한 군주가 아니라 바로 '신의 대리자'라는 이념이 필요했다. 따라서 황제는 '신의 아들'로서 신탁을 받아 통치하는 사람이 되고, 황제의 명령을 신의 뜻으로 여기는 '황제의 신격화' 작업이 자연스럽게 행해지게 된다.

이러한 역사적 배경하에서 우리는 예수님을 십자가형에 처하라고 고발한 유대 당국자들의 행동을 이해할 수 있다. 유대 당국자들은 예수님을 붙잡아 예수님이 황제에게만 부여될 수 있는 '신의 아들'을 사칭했다고, 또한 새로운 왕국 건설을 위해 국가 전복을 선동했다고 당시 유대 총독 빌라도에게 고발한다. 빌라도는 잡혀 온 예수님을 심문한다.

"당신이 유대인들의 왕이오?"(마태 27, 11)

이에 예수님께서 "네가 그렇게 말하고 있다"고 대답하신다. 예수님께서 빌라도에게 '나는 너희들이 말하는 그런 왕이 아니다'라고 당신을 변호하신 것이다. 이런 상황에서 유대 당국자들은 빌라도의 약점을 집요하게 파고들었다. 빌라도는 예수님을 매질이나 하고 풀어 줄 심산이었지만 그렇게 할 수 없었다. 그리하면 자신이 궁지에 몰릴 수밖에 없기 때문이다. '신의 아들'로서 자신의 참된 정체성을 드러내신 예수님을 풀어 준다면 유일한 '신의 아들'로서 자처하는 로마 황제의 권위에 도전하는 사람을 처벌하지 않았다는 오해를 살 수 있었다. 따라서 빌라도는 예수님이 죄가 없다는 것을 알았지만 자기 안위를 위해 예수님을 처형하라고 유대인들에게 내맡긴 것이다.

우리도 종종 자신의 편익을 위해 진리 편에 서지 못할 때가 있다. 이런 점에서 빌라도의 성향을 우리도 공유하고 있다고 볼 수 있다. 황제를 '신의 아들'로 받드는 이데올로기로 말미암아 어

로마시대 공공시설이 모여 있는 포로 로마노. 중심 도로인 '비아 사크라'
(Via Sacra, 성스러운 길)를 중심으로 왼쪽에는 공회당, 원로원 건물 등
공공기관이 위치하고, 오른쪽에는 궁전과 신전들이 자리 잡고 있다.

처구니없게도 참된 '하느님의 아들'이 죽음으로 내몰려야만 했던 것이다.

포로 로마노를 내려다본 후 우리는 캄피돌리오 언덕에 올라가 미켈란젤로가 디자인한 현재 로마 시청 건물과 주변 광장을 둘러보았다. 그리고 대전차 경기장 유적지를 따라 걸었다. 대전차 경기장 유적들은 사라지고 지금은 널따란 운동장만 남아 있지만 그곳의 크기를 보았을 때 과거 얼마나 컸는지 상상할 수 있었다. 한참을 걸어 대전차 경기장을 통과한 후 콜로세움으로 향하는 왼쪽 길로 접어들었다.

대전차 경기장이나 콜로세움은 로마인들의 불만을 잠재우기

로마 시청으로 향하는 길목에 설치된 로마 건국신화상. 건국의 시조 로물루스와 레무스는 늑대 젖을 먹고 자랐다고 한다.

검투사들의 경기장이자 그리스도인들의 순교지인 콜로세움을 배경으로 찍은 단체 사진.

위한 스포츠와 오락의 공간이었다. 예나 지금이나 원초적 욕망을 채우게 하고 사람들의 주위를 분산시켜 정치에 관심을 갖지 못하도록 3S 정책(스포츠, 섹스, 스크린 관람)을 폈던 모양이다.

콜로세움은 로마제국 시대에 네로 황제의 폭정에 시달리는 민심을 달래기 위해 건설되었다고 한다. 이곳에서 스포츠와 관람 정책이 펼쳐졌다. 콜로세움에서 있었던 경기들은 우리가 영화에서 볼 수 있듯이 자극적이고 끔찍했다. 검투사들을 죽을 때까지 싸우게 하여 관객의 폭력성과 공격성을 만족시켰다. 그리고 인간의 잔혹함과 공격성의 오락거리로 수많은 그리스도인이 이곳에서 맹수에게 찢겨 죽는 순교를 당했다. 그래서 콜로세움은 우리 그리스도인의 순교지이기도 하다. 교황님께서는 성주간 금요일에 이곳에서 직접 '십자가의 길'을 주례하신다.

로마 시내는 조금만 파 들어가도 어디서나 유물이 출토되는 거대한 유적지이다. 따라서 시내에 지하철 노선이 별로 발달하지 못했다. 로마 시내의 지하공간은 지나간 과거 역사가 그대로 숨 쉬고 있는 곳이다. 로마 시내 성당 중 2000년 간의 로마 역사를 잘 보존하고 있는 곳이 있다. 다름 아닌 '성 클레멘스 성당'이다. 이런 연유로 이날 오후에 진행된 로마 시내 역사 순례의 마지막 코스로 성 클레멘스 성당을 가게 되었다.

성 클레멘스 성당 지하에 있는 미트라 신전 내부 벽화.
소를 잡아 제사를 지내는 미트라 종교 예식을 표현하고 있다.

성 클레멘스 성당 전경(위).
아래는 성 클레멘스 성당 지하1 층의 벽에
있는 프레스코화. 성 클레멘스 무덤이
흑해에서 발견된 이야기를 전하고 있다.

4세기 때 건축된 성 클레멘스 성당 모습(지하 1층).

4세기에 건축된 성당을 토대로 그 위에 12세기에 증축된 성 클레멘스 성당 내부 천장 모습.

313년 밀라노 칙령으로 종교박해가 끝나고 미트라 종교는 로마에서 사라졌다. 이후 이 장소를 4대 교황이신 성 클레멘스 가문이 구입하여 성 클레멘스 기념 성당을 지었다. 이 성당을 지을 때 기존의 미트라 종교시설을 해체하지 않고 그것을 기초로 하여 성 클레멘스 성당을 세웠다. 그 덕분에 로마시대의 미트라 신전이 잘 보존될 수 있었다. 서기 1세기 말 성 클레멘스 교황님이 흑해에서 순교하자 성 치릴로와 성 메토디오 형제가 9세기경 시신을 발굴하여 이곳 성 클레멘스 성당에 안치하였다. 이 역사적 사실이 4세기 말에 지어진 성 클레멘스 성당 벽에 프레스코화로 남아 있다.

성 클레멘스 성당은 콜로세움에서 그리 멀지 않은 곳에 있다. 이 성당을 아는 순례객은 그리 많지 않다. 이 성당은 1~4세기의 고대 로마, 4~12세기의 중세 로마, 그리고 12세기부터 지금까지 이곳의 변천사를 잘 보여 주고 있다. 우선 1~4세기에 이곳은 로마제국 시대에 미트라 종교 예식과 그 예식을 집전하는 사제를 양성하는 곳이었다. 그래서 미트라 종교 예식이 치러진 유적과 그 흔적이 남아 있다. 또한 로마시대의 상하수도 시설이 그대로 남아 있다. 성당이 무너질 위험이 있자 12세기에 기존 성당 위에 새로운 성당을 건축하였다. 우리가 본 성당은 12세기에 지어진 것이고, 이 성당의 지하에 1~4세기의 미트라 신전과 4~12세기의 기존 성당이 공존하고 있다. 이 성당의 3층 구조를 둘러

보면서 문득 '보이는 것이 전부가 아니라'는 격언을 직접 확인하고 깊이 생각해 본 계기가 되었다. 따라서 우리는 개방된 마음으로, 겸손한 마음으로 우리에게 잘 드러나지 않는 부분까지 통찰할 수 있는 마음의 눈을 가져야 할 것이다.

성 클레멘스 성당 순례가 끝나고 우리는 대기하고 있던 버스를 타고 바티칸 근처의 레스토랑으로 갔다. 그곳에서 저녁 식사를 한 이유는 식사 후 성 베드로 대성당과 광장의 야경을 구경하기 위해서였다. 바티칸 광장의 야경은 참 신비롭고도 포근한 느낌을 준다. 아니나 다를까 우리 일행들도 바티칸 야경에 심취했다. 마치 신비스러운 곳에 온 어린이들처럼 황홀해하였다.

신비하고 포근한 바티칸 광장의 야경을 배경으로 일행들이 기념사진을 찍었다.

유학 시절 필자는 성 베드로 대성당 뒤에 있는 포르투갈 신학원에서 4년간 살았다. 바티칸 성벽을 따라 걸어 내려와 바티칸 광장 건너편에서 버스를 타고 학교에 다녔다. 바티칸 광장을 마치 동네 마당처럼 지나다니곤 하였고, 마음이 심란할 때는 신학원에서 바티칸 광장으로 내려와 로사리오 기도를 바치곤 하였다. 지금 생각해 보면 이런 축복을 누리면서 지낸 사람이 얼마나 있을까 싶어 감사하게 느껴진다. 그리고 이곳 광장에서 요한 바오로 2세 교황님, 베네딕도 16세 교황님, 프란치스코 1세 교황님 등 세 분의 교황님이 집전하시는 미사에 참가하는 축복도 누렸다.

성 베드로 대성당 옆 바오로 6세 홀에 설치된 성 요한 바오로 2세 교황님의 흉상. 시대를 고뇌하는 교황님의 모습을 표현하고 있다.

요한 바오로 2세 교황님 서거 후에 길거리 벽에 붙은 포스터. '교황님! 감사합니다'라는 문구가 쓰여졌다.

요한 바오로 2세 교황님 장례식 광경. 교황님의 관이 입장하고 있다.

특히 바티칸 광장에서 인상 깊었던 기억은 2005년 4월 성 요한 바오로 2세 교황님이 서거하셨을 때 조문하기 위해 이곳에서 줄을 섰던 것이다. 그때 수백만의 사람이 교황님 가시는 길에 마지막 인사를 드리기 위해 이곳 바티칸으로 모여들었다. 필자도 조문 기간에 성 베드로 대성당에 모신 교황님을 뵙기 위해 조문 행렬에 합류하였다. 새벽 6시에 광장에 들어섰는데 이미 줄 선 사람들로 가득해 끝이 보이질 않았다. 겨우 마지막 줄을 찾았는가 했더니 줄은 주변 건물을 한참 돌고 돌아 광장에서 좀 멀리 떨어진 곳까지 이어졌다.

'오전 10시경에는 조문할 수 있겠지' 하는 생각으로 줄을 서서 기다렸다. 그런데 오전 10시가 지났지만 바티칸 광장에 진입조차 하지 못했다. 그때 잠시 마음의 갈등이 일었다.

'조문을 포기할까? 그래도 계속 기다렸다가 조문을 해야 하나?'

이러다가는 10시간 이상 줄을 서야 조문할 수 있을 것 같았다. 중간에 화장실을 다녀오겠다고 줄을 이탈하면 다시 들어올 수 없었다. 따라서 음식을 먹거나 물을 마실 수도 없었다.

조문 행렬은 각국에서 온 사람들로 가득했고, 특히 어린이와 노약자들도 상당수 섞여 있었다. 모두가 교황님을 조문하겠다는 일념으로 조금씩 성 베드로 대성당을 향해 나아가고 있었다. 이런 와중에 조문 행렬에서 이탈하려는 마음이 이내 부끄럽게 여

필자는 2003년 요한 바오로 2세 교황님으로부터 강복을 받았다.

겨졌다. 더군다나 필자는 요한 바오로 2세 교황님께 특별 강복까지 받았다. 포르투갈 신학원에 살 때 그곳에 사는 사제들과 신학원장, 리스본 대교구 추기경님과 함께 교황청에 초대받아 교황님을 특별 알현했고, 개별적으로 강복까지 받았다. 그때 교황님과 찍은 사진은 내 평생 간직하고 싶은 소중한 사진으로 필자의 연구실 벽에 걸려 있다.

27년의 교황 재위 기간 동안 교황님께서는 흔들리는 세계 교회를 쇄신하시기 위해 초인적인 노력과 희생을 바치셨다. 이런 기억들을 떠올리니 행렬에서 이탈하고 싶은 유혹을 견뎌 낼 수 있었다.

드디어 오후 3시경 바티칸 광장에 들어섰고, 오후 5시 30분경 성 베드로 대성당에 모셔진 교황님의 유해 앞에서 짧은 조문을 할 수 있었다. 조문을 마쳤을 때 위대한 교황님을 떠나보내는 아쉬움과 함께 교황님께 받았던 축복에 감사를 전할 수 있어 다행이라는 생각이 들었다.

바티칸 광장에 좀 더 오래 머물고 싶었지만 우리를 태우고 온 버스가 곧 출발해야 한다고 해서 아쉬움을 남긴 채 숙소로 돌아왔다.

Day 5－4

포로로마노 __ 캄피돌리오 언덕 __ 대전차경기장 유적지 __ 콜로세움 __ 성 클레멘스 성당 __ 바티칸 광장(야경)

기적의 2000년

전날 로마 시내를 얼마나 걸었던지 만보기에 2만 보가 넘는 숫자가 나타났다. 그런데도 순례의 은총 덕분인지 이튿날 아침 일행 중 발병을 호소하는 분은 아무도 없었다. 모두 어느새 로마 돌길에 적응되어 가나 보다. 로마에서의 마지막 순례 일정으로 이날 오전에는 바티칸 박물관과 성 베드로 대성당을 방문하고, 로마 인근 티볼리 분수 정원을 들러 이탈리아 중부 아시시로 향하기로 했다. 미사는 가는 도중 오르비에토에 있는 기적의 성체포 경당에서 드리기로 예정되어 있었다.

호텔 체크아웃을 하고 교통체증이 없어서 예정보다 20분 일찍 바티칸 박물관에 도착했다. 바티칸 박물관은 규모 면에서나 소장품의 질적인 면에서나 세계 5대 박물관으로 꼽힐 만하다. 이곳을 꼼꼼히 관람하려면 하루를 할애해도 부족하기에 정해진 시간 동안 '선택과 집중'을 통해 관람할 수밖에 없었다.

우리는 바티칸 박물관에서 일반 순례객들이 잘 가지 않는 피나코테카(르네상스 미술작품들이 다수 소장된 회화관)로 갔다. 필자가 '강추'하는 곳이다. 이곳에서 특히 라파엘로의 명작 〈예수님의 영광스러운 변모〉의 감상을 권한다. 이 작품 앞에 서면 우리도 예수님과 함께 부활할 것이라는 희망을 품게 된다. 그리고 육안으로는 자세히 볼 수 없지만 망원경으로 작품 속 예수님의 눈을 보면 마치 살아 있는 분의 눈처럼 보인다. 작품 안에서 예수님의 살아 계심을 느낄 수 있는 은총은 우리가 흔히 말하는 '관상 체험'이라고 할 수 있다.

바티칸 박물관 피나코테카에 소장된 라파엘로의 작품, 〈예수님의 영광스러운 변모〉.

관상 체험은 일종의 신비 체험이기는 하지만 몇몇 특

수한 사람에게만 일어나는 것이 아니다. 관상 체험이란 주님께서 우리에게 살아 계시는 분으로 다가오는 체험이다. 고 김수환 추기경님께서 생전에 "세상에서 가장 먼 거리는 머리에서 가슴까지"라고 하신 말씀이 생각난다. 우리가 교리를 통해 그리고 성경 공부를 통해 예수님을 머리로는 알고 있다고 해도 예수님을 체험적으로 만나기는 쉽지 않다는 의미일 것이다. 예수님을 가슴으로 느끼는 것은 깊은 묵상이나 관상기도를 통해서도 가능하지만 이렇듯 훌륭한 작품 감상을 통해서도 이루어진다. 그날 깜빡하고 망원경을 지참하지 못해 아쉬웠다.

바티칸 박물관에서 가장 가 볼 만한 곳이 어디냐고 묻는다면

바티칸 박물관 내부 정원. 시스티나 성당 내부에서는 사진 촬영이나 가이드의 설명이 금지되어 있어서 미리 시스티나 성당에 대한 설명을 듣고 있다.

많은 사람이 '시스티나 성당'이라고 답할 것이다. 이 성당이 그토록 유명해진 이유 중 하나는 아마도 미켈란젤로의 천장 벽화 〈천지창조〉와 제단 벽화 〈최후의 심판〉 덕분일 것이다.

바티칸 박물관의 마지막 코스인 시스티나 성당 안으로 들어서는 순간 우리는 온 천장과 사방 벽에 그려진 프레스코화에 압도되었다. 이곳에 전시된 작품들이 지닌 의미에 대해서만 잠시 언급하면 한마디로 그리스도의 인류 구세사를 압축하여 표현한 것이라고 할 수 있다. 즉, 세상의 창조와 종말, 그리고 창조와 종말 사이에 펼쳐진 구약과 신약의 구세사인 것이다. 예컨대 미켈란

성 베드로 대성당 오른쪽 끝 삼각 지붕 건물이 시스티나 성당이다.

시스티나 성당 내 미켈란젤로의 〈천지창조〉.

젤로가 세상의 창조, 세상의 시작을 그린 천장 벽화 〈천지창조〉, 세상의 종말을 그린 제단 벽화 〈최후의 심판〉이 그것이다. 이와 함께 예수님께서 이 땅에 오시기 전과 후, 즉 〈구약의 역사와 신약의 역사〉가 르네상스 당대 최고의 화가들에 의해 성당의 양쪽 벽면을 장식하고 있다. 시스티나 성당을 장식하고 있는 세 가지 주제(천지창조, 최후심판, 구세사)는 폴 고갱이 작품 〈우리는 어디서 왔는가, 우리는 어디로 가는가, 우리는 누구인가〉에서 표현코자 하였던 인간의 3가지 근원적 질문들에 대한 답으로 연결지어 생각해 볼 수 있다.

우선 '우리는 어디서 왔는가?' 이것은 인간 기원에 관한 질문이다. 과연 인간은 무생물에서 기원한 진화의 산물인가? 그럼 우리의 조상은 박테리아인가? 원숭이인가? 오늘날 우리는 인간 생명의 원천에 대한 진화론적 주장으로부터 도전받고 있다. 그러나 경험적 사실에만 준거하는 자연과학의 잣대로 모든 것을 재단할 수는 없다. 이는 마치 우물 안 개구리가 우물 밖 세상을 함부로 예단하는 것에 비유할 수 있겠다. 우리의 기원에 대한 답은 가시적 세계를 넘어 비가시적 세계까지도 주관하시는 창조주의 오묘한 섭리가 담긴 구약성서의 창세기 말씀 속에서 깨달을 수 있으리라.

'우리는 어디로 가는가?' 이것은 사후 세계에 관한 질문이다. 인간의 유한성과 그 후 우리의 존재 문제와도 관련이 있다. 우리 육신을 구성하는 물질이 모두 해체되고 나면 그것으로 우리의 존재 자체도 '무화'되어 버리고 마는 것인가? 아니면 또 다른 세계에서 비록 형태는 다르다고 해도 여전히 '존재'하는 것인가? 이 역시 증명할 수 없다 하여 자연과학적 수준에서만 섣불리 대답할 수 없다. 우리는 죽었다가 다시 살아난 사람의 말을 듣고 사후 세계에 대한 확고한 믿음을 가졌던 사도 바오로가 남기신 말씀을 되새겨 본다.

"(우리는) 썩어 없어질 것으로 묻히지만 썩지 않을 것으로 되살아납니다. 비천한 것으로 묻히지만 영광스러운 것으로 되살아납니다. 약한 것으로 묻히지만 강한 것으로 되살아납니다. 물

질적인 것으로 묻히지만 영적인 것으로 되살아납니다." (1고린 15, 42-44)

'나는 누구인가?' 이것은 구원받아야 할 인간의 정체성에 관한 질문이다. 탄생과 죽음 사이의 나의 인생, 나의 삶은 어찌 보면 내가 누군지를 스스로 알아 가는 여정이 아니겠는가? 태어나서 죽을 때까지 우리는 누구나 끊임없이 변화를 겪는다. 육체적으로 변화하는 것은 말할 것도 없고 생각과 말, 감정, 인식, 사회적 지위 및 역할 등에서도 계속 바뀐다. 어제의 '나'는 오늘의 '나'와는 다르다. 그러나 이처럼 표면적으로 드러나는 변화에도 불구하고 내 안에 처음부터 마지막 순간까지 변치 않고 동일하게 남아 있는 '나'(실체)란 존재가 있다. 즉, 너로부터 구분되는 '나', 나의 변화를 바라보는 주체로서의 '나'가 있다.

이러한 '나'는 3가지 면에서 구원될 수 있을 것이다.

첫째, 내가 가진 모든 것들, 소유물에 대한 과도한 집착에서 자유로워져야 한다. 예컨대 나의 재능, 나의 지식, 나의 지위 등은 나를 드러내는 일부이긴 하지만 '나' 자신과 완전히 일치하는 것은 아니다. 흔히 우리는 그것들이 마치 나의 정체성과 동일한 것으로 착각한 나머지 그중 하나라도 상실하게 되면 고통과 상처를 받는다.

둘째, 과르디니(Romano Guardini)가 말한 것처럼 '나'와 '너' 사이의 올바른 '나-너' 관계를 회복함으로써 구원될 수 있다. '너'

에 대한 '나'의 돌봄을 통해 '나'의 세계가 성장하고 확장하며, 나와 너의 인격은 '나-너' 관계 안에서 진정 자유로워질 수 있다.

셋째, 궁극적으로 '나'의 존재가 시간을 초월하여 영원으로 구원되기 위해서는 하느님과의 올바른 관계 정립이 필요하다. 우리는 유한한 시간 속에 갇혀 있다. 유한한 시간의 한계를 뛰어넘어 어떻게 영원 속으로 나아갈 수 있는가? 바로 영원이신 하느님과 관계를 맺음으로써 가능할 것이다. 이렇게 우리의 삶이란 '나의 실체' 안에서 '나의 자유', '나의 확장', '나의 초월'을 향해 성숙해져 가는 과정이다. 그러한 삶의 여정을 주관하시는 분이 삼위일체 하느님이시다. 즉, 성부께서 나를 이 세상에 보내셨고, 성자께서 나를 대신하여 속죄하셨으며, 성령께서 나의 삶의 방향을 이끌어 주신다.

이렇듯 시스티나 성당은 인간 존재의 문제를 근원적으로 성찰하게 하는 신학적 사유의 공간으로 필자에게 다가왔다. 그리고 르네상스 거장들의 걸작들을 감상할 수 있는 곳이자 교황님께서 개인적으로 미사를 봉헌하시는 전례 공간이기도 하다.

또한 가톨릭교회 수장인 베드로의 후계자를 선출하는 '콘클라베'가 열리는 곳이기도 하다. 2005년 성 요한 바오로 2세 교황님께서 서거하시고 그해 4월 19일 베네딕도 16세 교황님께서 피선되셨을 당시 필자는 운 좋게도 세계 교회의 새로운 역사의 현장을 가까이서 지켜볼 수 있었다. 콘클라베에 대한 수많은 세계

언론과 방송의 취재 열기는 대단했다. 온 세계 가톨릭 신자들도 새 목자의 탄생을 학수고대하며 시스티나 성당의 콘클라베 진행 상황에 이목을 집중했다.

온종일 바티칸 광장에서 기도하며 새 교황님의 탄생을 기다리는 분들도 많았지만 필자는 그렇게까지는 하지 못했다. 등·하굣길에 매일 바티칸 광장을 들러 주위 상황을 둘러보고, 신학원 개인 방에서 라디오를 켜 놓고 소식을 기다렸다. 콘클라베가 시작된 지 이틀째 되던 날 오후 5시쯤 갑자기 라디오방송 아나운서가 격앙된 목소리로 "Fumobianco!"(이탈리아어로 '흰 연기가 피어오른다'는 뜻)를 소리 높여 외쳐 댔다. 같은 신학원에 있던 신부님들이 바티칸 광장으로 뛰어갔고, 필자도 그 대열에 합류하였다. 바티칸 광장으로 가는 버스는 이미 만원 상태였지만 비집고 올라탔다.

우리가 도착했을 즈음 바티칸 광장은 이미 인산인해를 이루고 있었다. 새 교황님께서 성 베드로 대성당 발코니에 나오셔서 주시는 첫 강복을 받기 위해 우리는 그곳에서 한참을 기다렸다. 드디어 오후 6시 30분경 대성당 중앙 발코니 문이 열리고 에스테베즈 선임 추기경께서 라틴어로 "여러분에게 소식을 알립니다. 우리는 새 교황님을 모시게 되었습니다!(Habemus Papam!)"라고 선포하시며 새 교황님은 누구이고, 교황명을 뭐라고 정했는지 등을 발표하셨다.

베네딕도 16세 교황이 선출되자 시스티나 성당 지붕에 설치된 굴뚝에서 연기가 솟고 있다.

베네딕도 16세 교황님이 뽑혔을 때, 바티칸 광장에서 기뻐하는 신자들.

베네딕도 16세 교황님이 선출된 후 바티칸 발코니에서 첫 강복을 베푸시는 모습.

우레와 같은 박수와 함성이 쏟아지는 가운데 베네딕도 16세 교황님이 발코니에 모습을 드러내셨다. 새 교황님은 "주님의 포도밭에서 일할 일꾼으로 단순하고 보잘것없는 저를 선출하셨습니다"라는 첫 인사말을 하신 데 이어 광장에 모인 신자들과 TV를 시청하고 있는 전 세계 신자들에게 첫 강복을 베푸셨다. 얼마 전까지만 해도 전임 교황님의 서거로 약간 우울한 분위기였는데 새 교황님의 탄생으로 광장은 기쁨과 환희의 열기로 활기를 되찾았다.

바티칸 박물관 구경을 마치고 나와 계단참에서 베드로 광장을 내려다보는 순간, 우리 교회가 이렇게 해서 지난 2000년을 이어

오고 있다는 생각이 문득 들었다. 성령께서 함께하시지 않는다면 어떻게 그토록 수많은 역사의 변고들을 이겨 내고 지금까지 지속될 수 있었겠는가!

Day 6 – 1

바티칸 박물관(시스티나 성당)

교회의 반석 그리고 교회의 어머니

시스티나 성당에서 계단을 따라 밖으로 내려오면 성 베드로 대성당 옆으로 나온다. 그러면 쉽게 대성당 안으로 들어갈 수 있다. 보통 성 베드로 대성당에 입장하기 위해서는 적어도 30분 이상 줄을 서서 기다려야 한다. 하지만 이날 우리는 전혀 기다리지 않고 바티칸 박물관에 입장하는 사람들에게 주어지는 특혜 덕분에 쉽게 성 베드로 대성당에 들어갈 수 있었다.

성 베드로 대성당을 처음 방문하는 사람은 그곳에 들어서는 순간 입을 다물지 못한다. 대성당의 크기에 놀라고, 웅장함에 놀라고, 화려함에 놀란다. 인간의 힘으로, 더군다나 지금처럼 현대 장비가 없었던 500년 전에 어떻게 이런 성당을 건축할 수 있단 말인가?

일부 사람은 이 성당을 둘러보고 당시 교회의 지나친 사치에 대해 비판한다.

"엄청난 재물을 투입하여 굳이 이토록 화려한 성당을 지을 필요가 있었는가?"

나아가 자신의 판단을 정당화하기 위해 다음과 같이 말한다.

"여기에 투입된 재화를 가난한 사람들에게 나누어 주었다면 하느님께서 더 기뻐했을 텐데!"

이러한 비판과 판단은 마치 예수님의 제자였던 가롯 유다가 300데나리온이나 되는 향유를 예수님 발에 붓는 모습을 보고 "왜 저 향유를 허투루 쓰는가? 저것을 비싸게 팔아 가난한 이들에게 나누어 줄 수도 있을 텐데." (마태 26, 8-9)라고 말하는 모습과 닮았다. 예수님은 유다에게 다음과 같이 말한다.

"사실 가난한 이들은 늘 너희 곁에 있지만, 나는 늘 너희 곁에 있지는 않을 것이다." (요한 12,8)

하느님께 대한 봉헌이 무엇인지 잘 모르는 사람들에게는 이렇게 화려한 건축은 사치요, 낭비라고 생각할 수 있다. 그러나 신앙의 눈으로 본다면 이런 건축을 통해 이 세상 모든 만물의 주인이요, 온 우주의 통치자는 하느님이시라는 점이 드러난다. 다시 말해 하느님의 주권에 대한 인정이다. 이 세상 모든 만물뿐만 아니라 우리의 기억과 지성과 의지, 그리고 모든 능력과 재능은 모두 그분의 소유이다. '하느님의 주권'에 대한 깊은 깨달음을 얻었던 성 이냐시오는 다음과 같은 기도문을 남겼다.

"제게 있는 모든 것과 제가 소유한 모든 것을 받아 주소서.
주님께서 이 모든 것을 제게 주셨나이다.
이 모든 것을 주님께 도로 바치나이다.
모든 것이 다 주님의 것이오니 온전히 주님의 뜻대로 처리하소서."

성 베드로 대성당 내부의 웅장한 천장 모습.

우리는 하느님의 것을 내 것으로 여기는 영적인 차원에서 '횡령죄'를 짓고 산다. 이 세상의 가장 좋은 것들, 가장 좋은 재능, 물질, 희생과 노력을 하느님께 온전히 바친 분들의 신앙을 통해 하느님 앞에 인색한 우리 자신의 모습을 돌아볼 필요가 있다.

이 바티칸 대성전이 서 있는 자리는 고대 로마시대 네로 황제의 경기장 옆에 위치한 공동묘지, 곧 카타콤바가 있었던 곳이다. 콘스탄티누스 대제는 325년 이 카타콤바에 있는 베드로 사도 무덤 위에 대성당을 짓도록 했다. 이 대성당이 1200년을 지탱해 오다 15세기 말 무렵 붕괴 위기에 처하였다. 이에 율리우스 2세 교황께서는 베드로 성전을 다시 짓게 하였다. 그에 따라서 1506년부터 옛 성전을 부수고 그 기초 위에 새 성전을 건축하기 시작했고, 약 120년간의 공사 끝에 1625년 새 성전이 완공되었다. 따라서 성 베드로 대성당도 우리가 이미 방문한 '성 클레멘스 성당'처럼 3중 구조로 되어 있다.

지금의 대성당은 1625년 완공되었다. 성 베드로 대성당 지하에 베드로 사도 무덤과 역대 교황님들의 무덤이 있는데, 이것이 325년에 짓기 시작한 옛 성당의 바닥이다. 그리고 옛 성당 바닥 아래는 로마시대 카타콤바가 있다. 지금 성 베드로 대성당 밑에 있는 카타콤바 유적지는 그대로 보존되어 있어서 미리 신청 후 안내를 받으면 탐방할 수 있다. 베드로 사도는 네로 황제의 박해 시대 때 붙잡혀 순교하신 후 이 카타콤바에 묻히셨다. 현재 교황님만이 미사드릴 수 있는 중앙 제대 밑에 바로 베드로 사도의 무덤이 있다.

베드로 사도는 생의 마지막 시점에 로마에 사는 유대인들에게 복음을 전하였다. 베드로 사도가 로마에서 어떻게 지냈는지 폴란드의 노벨문학상 수상 작가인 '헨리크 시엔키에비치'가 발표한 장편소설《쿠오바디스》를 통해 어느 정도 그의 행적을 추측해 볼 수 있다. 이 장편소설은《외경 사도행전》중 하나인〈베드로 행전〉의 내용을 토대로 집필되었으며, 1951년 처음 영화화되고 2001년 리메이크되었다.

이 소설의 주요 맥락은 이러하다. 네로 황제의 즉위 후 로마 시가지에 대한 대대적인 도시계획이 추진되자 로마 시내에 많은

베드로 사도의 무덤. 이 무덤 위에 성 베드로 대성당이 세워졌다.(사진: 이동익 신부 제공)

사유지를 소유하고 있던 유대인들과의 갈등이 불가피했다. 이에 네로는 '로마 대화재' 사건을 일으켜 이것을 유대인들의 소행이라고 뒤집어씌웠고, 유대인들에 대한 박해와 학살이 자행된다. 그러자 베드로의 신변을 염려하는 신자들이 베드로에게 "앞으로 더 많은 신자들을 보살피기 위해 지금은 로마에서 피해 있으라"고 권고한다. 이 권유에 따라 베드로는 성 밖으로 피신한다.

베드로는 성문 밖으로 나간 지 얼마 되지 않아 예수님을 만난다. 베드로가 깜짝 놀라 "주여, 어디로 가시나이까?〔쿠오바디스, 도미네?(Quo vadis, Domine?)〕"라고 물었다.

"내 양을 잘 돌보라고 너에게 당부했는데 네가 잘 돌보지 않으니 내가 대신하여 양들을 돌보러 성 안으로 간다."

베드로 사도는 주님의 뜻이 무엇인지 깨닫고 "절대 그럴 수 없습니다, 주님!" 하고 만류하며 자신이 신자들이 있는 곳으로 가겠다고 왔던 길을 되돌아간다. 그 길로 성 안으로 들어간 베드로는 붙잡혀서 순교한다. 스승이신 예수님처럼 감히 십자가에 똑바로 못 박힐 수는 없으니 거꾸로 못 박히겠다고 해서 그렇게 순교하게 된다는 내용이다.

영화 〈쿠오바디스〉는 〈베드로 행전〉이라는 외경을 토대로 베드로의 회심과 순교 사건을 전해 주고 있다. 외경이라고 해서 단순히 지어낸 이야기라고 치부할 수 없을 정도로 베드로의 참된 면모를 잘 드러내 주고 있다. 베드로 사도는 그의 성품을 잘 알고 계셨던 예수님으로부터 부르심을 받고 교회의 반석이 되었다. 베드로가 반석이 될 수 있었던 이유는 그의 신앙고백에 있다. "너는 나를 누구라고 생각하느냐?"라는 예수님의 물음에 베드로는 "당신은 하느님의 아들, 예수 그리스도이십니다"라고 고백한다. 이러한 신앙고백에 예수님께서는 참으로 기뻐하시며 다음과 같이 말씀하신다.

> "너는 베드로이다. 내가 이 반석 위에 내 교회를 세울 터인즉, 저승의 세력도 그것을 이기지 못할 것이다. 또 나는 너에게 하늘나라의 열쇠를 주겠다. 그러니 네가 무엇이든지 땅에서 매면 하늘에서도 매일 것이고, 네가 무엇이든지 땅에서 풀면 하늘에서도 풀릴 것이다." (마태 16, 18-19)

예수님께서는 베드로가 한 신앙고백의 반석 위에 당신 교회를 세우셨다. 우리 자신은 예수님을 누구라고 생각하는가? 위대한 예언자인가? 위대한 성인 중 한 분이신가? 그러한 고백들은 예수님을 믿지 않는 다른 사람들도 하는 말이다. 예수님을 "나의 주님! 나의 하느님!"이라고 고백하는 상태에 도달하지 못한다면 예수님께서 우리 믿음 위에 교회를 세울 반석의 상태가 못 된다. 그러나 예수님을 나의 주님, 즉 내 삶의 유일한 참주인이요, 예수님이 내 생애의 모든 것이라고 고백하게 될 때 예수님은 우리 위에 당신 교회를 세우신다. 이때 우리는 어떤 세력에도 흔들리지 않고 하늘나라를 향해 나갈 수 있는 굳건한 믿음과, 다른 사람들로부터 가해지는 어떤 상처에도 걸려 넘어지지 않고 그들을 용서할 수 있는 힘을 갖게 될 것이다.

우리는 대성전 내부를 돌아보며 사진을 찍고, 700년 전 아르놀포 디 캄피오가 만든 청동 베드로상의 발을 만지며 믿음의 은총을 청했다. 그동안 무수한 순례객들의 손길로 사도의 발이 닳아 있었다. 닳아 있는 발에 손을 댈 때 이곳을 다녀간 무수한 순례객들과 연결됨을 느꼈다. 언어도 다르고, 피부색도 다르고, 살았던 시대도 다르지만 시공을 초월하여 신앙의 끈으로 우리는

성 베드로 대성당 내부에 있는 청동 베드로상. 700년 동안 순례객들이 베드로 사도를 만진 결과 발등이 닳아 있었다.

주님 안에서 서로 하나가 된다는 것을 알 수 있었다.

그런 다음 지하로 내려가 베드로 사도의 무덤 앞에서 기도드렸다. 로마시대의 변방 유대의 땅 갈릴래아 어부였던 베드로 사도가 이곳에 묻히셨고, 그가 묻히고 난 후 이 장소는 곧 교회의 중심, 세계의 중심이 되었다. 눈에도 잘 보이지 않는 미소한 겨자씨 하나가 땅에 떨어져 큰 나무가 되고, 그 나무에 무수한 새들이 앉아 있는 광경이 떠올랐다. 이것이야말로 눈에 보이는 생생한 기적이다. 어떻게 그런 일이 일어날 수 있는가? 하느님께서 하시면 안 되는 일이 없기 때문이다.

대성당 순례를 마치고 우리는 밖으로 나와 바티칸 광장을 바라보았다. 대성당 앞에서 본 바티칸 광장은 어머니 품에 안긴 것처럼 보였다. 주변 회랑이 펼친 팔 모양으로 광장을 품고 있었다. 이것은 또한 우리 상처받은 자녀들, 죄를 짓고 있는 자녀들을 품고 있는 어머니이신 교회, 곧 성모님을 떠올리게 한다. 이 바티칸 광장이 생긴 이후 오랫동안 성모상이 세워지지 않다가 교황 요한 바오로 2세께서 시스티나 성당 옆 박물관 외벽에 이콘 성모님상을 설치했다. 그 이유는 성당 안에 미켈란젤로의 '피에타상'이 있어서 그렇다고들 한다. 그러나 필자의 추측으로는 광장 자체가 교회의 자녀들을 안고 계시는 성모님의 모습을 나타내고 있기 때문이 아닌가 싶다.

근접 촬영에 성공한 미켈란젤로의 '피에타상'(위). 아래는 위에서 내려다본 모습.

성모님께서는 미켈란젤로의 피에타상처럼 세상 자녀들의 모든 고통과 아픔, 상처를 안고 계신다. 성모님은 하느님 자비의 품이시다. 가이드께서 우리에게 미켈란젤로의 피에타상을 그림으로 상세하게 보여 주셨는데 어머니 품에 안긴 예수님의 모습이 평화로워 보였다. 예수님마저도 성모님의 품 안에서 위로를 받으시고 안식을 누리는 모습이다. 성모님의 품 안에 머물 때 어떤 고통도, 어떤 비탄도, 어떤 상처도 그 안에서 녹아내리고 우리는 평화를 찾을 수 있으리라.

천주의 성모님, 저희를 위하여 빌어 주시어 그리스도께서 약속하신 영원한 생명을 얻게 하소서!

아이스크림 가게 앞 노상에서 우리 일행들이 아이스크림을 먹고 있다.

우리는 바티칸 순례를 마치고 다음 행선지인 티볼리의 분수 정원으로 향했다. 버스가 출발하기 전 바티칸 근처의 유명한 아이스크림 가게에 들러 다 함께 아이스크림을 맛보았다. 이 아이스크림 가게는 바티칸 박물관에 오시는 한국 순례객들이 마치 성지 순례지처럼 들르는 곳이다. 그래서 이곳 종업원들이 한국말을 곧잘 알아듣는다. 그리고 인심이 후해서 우리 돈 2,000원 정도 가격이면 5,000원 정도 가치의 아이스크림을 안겨 준다. 이탈리아 아이스크림은 세계적으로 유명하다. 원재료가 좋고, 먹

잠시 휴식을 안겨준 빌라데스테 분수 정원의 전경.

거리를 갖고 속이지 않는 전통 때문이리라.

아이스크림을 맛있게 먹고 티볼리로 향했다. 티볼리 동네 레스토랑에서 점심을 먹은 후에는 옆에 있는 '빌라데스테'라 불리는 분수 정원에 들어갔다. 1,000여 개의 분수로 장식된 곳이다. 이날 날씨가 환상적이라 수많은 분수에서 내뿜는 물줄기가 더욱 생동감이 넘쳐 보였다.

분수 정원에서 한 시간 정도 걸으며 휴식을 취하니 지친 몸이 다시금 활기를 되찾았다. 우리 일행 모두 감탄하며, 시원하게 떨어지는 분수 앞에서 사진도 찍고 피로도 씻어 냈다.

Day 6－2

성베드로 대성당(베드로 사도 무덤) _ 유명 아이스크림 가게 _
티볼리 분수 정원(빌라데스테)

영원한 생명의 양식

우리 순례버스는 오르비에토를 향해 출발했다. 오르비에토는 로마에서 북서쪽으로 96km 정도 떨어진 움브리아주에 있는 소도시로 해발 195m 바위산 위에 세워졌다. 우리가 그곳을 순례하고자 한 이유는 로마와 아시시 중간에 있기 때문에 아시시로 가는 길에 둘러볼 수 있을 뿐만 아니라 오르비에토 두오모 성당에는 13세기에 일어난 성체 기적의 유물 '기적의 성체포'가 보관되어 있기 때문이다. 따라서 예수님께서 제정하신 성체성사를 묵상할 수 있는 곳이다.

이 소도시가 신앙인뿐만 아니라 일반인에게도 유명해진 까닭은 이곳이 '느림의 삶'을 추구하는 국제 슬로시티(slowcity) 운동의 발상지이기도 하고, 현재 이곳에 슬로시티 국제 본부가 있기 때문이다. 1999년 10월 미래를 염려하는 이탈리아의 몇몇 시장들이 모여 슬로시티운동을 출범시켰고, 지금은 이 운동이 세계로 퍼져 나가고 있다. 이 운동은 오늘날 패스트푸드와 속도에 지배받고 있는 현대인들이 '느림의 삶'과 환경, 전통문화와의 조화를 이루는 삶을 지향하도록 이끈다.

우리는 이러한 국제 슬로시티 발상지에 왔건만 아이러니컬하게도 '느림의 미학'을 실천하기는커녕 오히려 시간에 쫓겨 바삐 움직여야만 했다. 우리를 태운 순례버스가 예정 시간보다 늦게 목적지에 도착했기 때문이다.

이곳은 슬로시티여서 버스가 시내 중심부로 들어갈 수 없다.

슬로시티 오르비에토로 가기 위해서는 '푸니쿨라'(협궤열차)를 이용해야 한다.

그래서 기차역 주차장에 내려서 푸니쿨라(협궤열차)를 타고 요새처럼 생긴 시내로 올라가 그곳에서 다시 시내버스로 갈아타야 우리의 목적지 오르비에토 두오모 성당에 도착할 수 있다.

우리가 기차역에 도착한 시간은 오후 4시 35분. 가이드 말로는 두오모 성당이 문을 닫는 오후 5시까지 그곳에 도착하는 것은 무리였다. 그러나 포기할 수 없었다. 기차역에서 푸니쿨라 역까지 가까운 거리였기에 뛰어서 이동하였다. 푸니쿨라 역에 도착했을 때 천만다행으로 푸니쿨라가 마치 우리를 태우려고 기다렸다는 듯이 대기하고 있었다. 또한 우리를 두오모 성당까지 태

경사가 가파른 '푸니쿨라'
(협궤열차) 철로.

우고 갈 시내버스도 순조롭게 나타났다. 그 덕분에 우리는 두오모 성당이 문을 닫기 직전에 아슬아슬하게 도착하였고, 양해를 구해 겨우 성당 안으로 들어갈 수 있었다. 그리고 20여 분 정도 '성체포 경당'에서 묵상할 수 있는 시간이 주어졌다. 그야말로 기적에 가까운 행운이 따랐다.

오르비에토 두오모 성당은 1263년 오르비에토 근처 볼세나에서 일어난 '성체 기적'의 유품인 '기적의 성체포'를 보관하기 위해 건축되었다.

'성체 기적'과 '〈성체 찬미가〉 헌정', 그리고 '성체 성혈 대축일 제정'과 관련 있는 이 대성당은 우리에게 성체성사와 성체 공경의 의미를 다시 한 번 되새기게 하였다. 예수님께서는 돌아가시기 전날 밤 제자들과 함께 '최후 만찬'을 하시면서 빵과 포도주를 당신의 살과 피로 축성하시고 그것을 먹고 마시라고 명하셨다.

> "너희는 모두 이것을 받아 먹어라. 이는 너희를 위하여 내어 줄 내 몸이다."
> "너희는 모두 이것을 받아 마셔라. 이는 새롭고 영원한 계약을 맺는 내 피의 잔이니 너희와 많은 이의 죄의 사함을 위하여 흘릴 피다."

그리고 이 성만찬을 통해 예수님께서는 빵과 포도주의 형상

볼세나의 '성체 기적'에 관한 이야기는 대략 다음과 같다.

체코 프라하에 사는 베드로라는 사제는 어느 날부터 성체와 성혈 안에 그리스도께서 참으로 현존하는지 의구심에 사로잡혔다. 그는 흔들리는 신앙을 굳건히 하기 위해 로마로 성지순례를 떠났다. 로마에 도착하기 전 오르비에토 근처 볼세나를 지나게 되었는데 그곳에 있는 성녀 크리스티나 성당에서 미사를 집전하게 되었다. 미사를 봉헌하던 중 갑자기 엄습한 예수님의 성체와 성혈에 대한 의구심이 신부님을 괴롭혔다. 그는 이러한 의구심과 싸우면서 계속 미사를 봉헌하였다. 그런데 자신이 들고 있던 성체를 쪼개는 순간 성체에서 피가 흘러 자신의 손과 제대에 깔려 있는 성체포와 제단을 적셨다.

베드로 사제는 깜짝 놀라 미사를 중단하고 당시 오르비에토에 머물고 있던 교황 우르바누스 4세를 찾아가 자신에게 일어난 모든 일을 보고했다. 교황님께서는 베드로 사제가 보고한 사실에 대한 철저한 조사를 명하셨고, 조사 후 베드로 사제에게 일어난 일이 '성체 기적'임을 공포하셨다. 그리고 성체 기적의 '성체포'를 볼세나에서 가져와 오르비에토에 보관하라 하셨다. 또한 당시 유명한 대학자 성 토마스 아퀴나스(St. Thomas Aquinas)에게 성체를 공경하는 '성체 찬미가'를 짓도록 부탁하였고, 성인께서 숙고에 숙고를 거듭하여 오늘날에도 우리가 기도하는 '엎드려 절하나이다~'로 시작하는 〈성체 찬미가〉를 지었다. 이 성체 기적을 계기로 교황님께서는 1264년 '성체 성혈 대축일'(the Feast of Corpus Christi)을 제정하셨다.

오르비에토 두오모 성당. '기적의 성체포'를 보관하기 위해 이 대성당이 지어졌다.

안에 당신이 현존하시는 성체성사를 제정하시고 이 성체성사를 이어갈 수 있도록 다음과 같은 당부 말씀을 하셨다.

"너희는 나를 기억하여 이를 행하여라!"

따라서 교회는 예수님께서 제정하신 성체성사를 계속할 수 있도록 빵과 포도주를 예수님의 성체와 성혈로 축성할 사제를 축성한다. 그리고 축성된 사제가 예수님처럼 빵과 포도주를 성체, 성혈로 축성하여 이것을 하느님의 백성들이 받아 모시도록 영성체를 베푼다. 성체에 대한 완벽한 교의를 담은 성 토마스 아퀴나스의 〈성체 찬미가〉는 다음과 같이 성체에 대해 고백한다.

"십자가 위에서는 신성을 감추시고 여기서는 인성마저 아니 보이시나 저는 신성, 인성을 둘 다 믿어 고백하며, 뉘우치던 저 강도의 기도를 올리나이다."

토마스 아퀴나스 성인은 빵과 포도주의 형상 안에 계신 예수님 안에서 헤아릴 수 없는 사랑의 신비를 깨닫고 이 〈성체 찬미가〉를 지으셨다. 예수님은 십자가 위에서 당신의 신성을 감추셨는데 이제 성체 안에서는 신성은 물론 인성까지 감추신다고 말씀하신다. 왜 십자가에서 드러내신 인성마저도 성체 안에서 감추셨는가? 그것은 십자가에서 신성을 감추시는 낮추심이 이제 성체 안에서는 인성마저도 감추시는 더 크나큰 낮추심으로 드러난다는 것을 의미한다.

십자가를 통해 드러난 예수님의 사랑이 얼마나 큰지 우리는 감히 이해하기 힘들 정도다. 십자가에 나타난 예수님의 낮추심의 사랑에 대해 바오로 사도는 다음과 같이 표현하였다.

> "그분께서는 하느님의 모습을 지니셨지만 하느님과 같음을 당연한 것으로 여기지 않으시고 오히려 당신 자신을 비우시어 종의 모습을 취하시고 사람들과 같이 되셨습니다." (필리 2, 6-7)

오르비에토 두오모 성당 내부. '기적의 성체포'가 보관된 경당에서 설명을 듣고 묵상 시간을 가졌다.

이렇게 바오로 사도는 예수님께서 십자가 안에서 당신의 신성을 감추시는 것은 당신의 인성 안에서 우리와 하나 되시기 위함이라고 말씀하신다. 예수님께서는 십자가 위에서 인간이 겪는 모든 고통과 상처를 똑같이 겪으시고, 그 고통을 치유하시고 죄를 사해 주시기 위해 당신이 가진 신성의 자리에서 내려오시어 인간의 모습, 그리고 인간의 모습 중 가장 낮은 종의 모습으로 인간과 하나가 되셨다.

이제 십자가의 낮추심은 성체 안에서의 낮추심으로 한 단계 더 나아간다. 물질의 세계, 물성 안으로 자신을 더 낮추신 것이다. 우리가 일상의 식사로 먹는 빵이 우리 육신 생명을 지탱하는 영양분이 되듯이, 우리가 받아 모시는 성체가 우리 생명의 양식이 되기 위함이었다. 인성마저도 감추시고 우리에게 오시는 생명의 양식을 먹고 마심으로써 우리는 세례 때 받은 영원한 생명을 지키고 성장해 나갈 수 있다. 요한복음 6장에서 예수님께서는 당신 성체를 다음과 같이 말씀하신다.

> "나는 하늘에서 내려온 생명의 빵이다. 누구든지 이 빵을 먹으면 영원히 살 것이다. 내가 줄 빵은 세상에 생명을 주는 나의 살이다." (요한 6, 51)

이토록 큰 사랑이 성체를 통해 드러났고, 큰 사랑을 드러내신 예수님의 몸과 피를 먹고 마시지 않는다면 우리 영혼이 하느님의 사랑으로 충만해질 수 없을 것이다.

원래 오르비에토 두오모 성체포 경당에서 미사를 드리기로 예약했지만 늦게 도착하는 바람에 미사를 드리지는 못했다. 따라서 아쉬움은 컸지만 그곳에서 성체 기적을 통해 보여 준 '성체 안에 예수님께서 현존해 계신다'는 확신을 더욱 굳건히 하는 선물을 받았다.

우리는 슬로시티를 향유하면서 시내를 천천히 걸어 내려오려고 했지만 갑작스러운 돌풍으로 슬로시티의 낭만을 즐기려던 계획은 수포로 돌아갔고, 다시 시내버스에 올라야 했다. '느림의 삶'을 통한 진정한 쉼은 외적으로 누리는 것이 아니라 '내적인 삶'에 있음을 암시해 주는 것 같았다.

오르비에토에서 아시시까지는 그리 멀지 않았다. 1시간 30분 정도 거리여서 저녁 7시 30분경 아시시 호텔에 도착하였다. 우리 숙소는 수도원을 개조하여 만든 호텔이라 그런지 고풍스런 분위기에서 풍겨 나오는 안온한 느낌이 있었다. 우리는 도착하자마자 미사를 봉헌하고 늦은 저녁을 먹었다. 육신 생명의 양식과 영혼 생명의 양식을 연이어 섭취하며 그 의미를 각각 되새기는 시간이었다.

아시시에서 머문 호텔. 수도원 건물을 개조하여 만든 곳이라
호텔 안에 미사를 봉헌할 수 있는 경당이 있어 좋았다.

 Day 6－3

오르비에토(슬로시티) 도착 _ 푸니쿨라(협궤열차) _
오르비에토 두오모 성당('기적의 성체포') _ 아시시 호텔(수도원 개조)

무너진 교회를 재건하여라!

프란치스코 성인의 고장인 아시시는 '평화의 도시'라고도 일컬어진다. 그래서인지 간밤에는 수도원을 개조한 아시시 호텔에서 모처럼 '평화롭게' 잠을 잘 수 있었다. 예정대로 오전 6시에 봉헌한 미사 강론에서는 프란치스코 성인을 최초로 교황 명으로 선택한 프란치스코 교황님의 회칙 〈찬미 받으소서〉에 관해 특별히 언급하였다.

프란치스코 성인은 부유한 상인의 아들로 태어나 청년 시절 한때 방탕한 생활을 했다고 전해진다. 그러다 21세에 페루자와의 전쟁에 참전했다가 포로로 붙잡혀 그곳에서 1년간 옥살이를 했다. 이런 시련을 겪은 성인은 귀향 후 과거 일탈의 삶을 청산하고 새로운 삶을 살기로 회심하고는 아시시 성 밖 다미아노 성

성 프란치스코가 예수님 말씀을 들었던 다미아노 성당의
십자고상(진품). 현재는 성녀 글라라 성당으로 옮겨져 있다.

당에 가서 기도 생활에 심취한다. 당시 그 성당은 반쯤 허물어진 상태였지만 제대 뒤쪽의 십자고상만큼은 그대로 남아 있었다.

하루는 기도 중 십자가에 매달리신 예수님으로부터 "무너지는 교회를 재건하라!"는 음성을 듣는다. 그때 성인은 예수님의 말씀을 무너진 다미아노 성당 건물 자체를 보수하라는 지시로만 알아들었다. 그리하여 성인은 예수님의 말씀에 따라 성당을 수리하기 위해 집에서 아버지 몰래 돈을 가져다 벽돌을 구입해서 공사를 시작한다. 그 일을 계기로 부친과의 갈등이 깊어지자 부자간의 세속의 연을 끊기까지 한다. 나중에 성인께서는 "무너지는 교회를 재건하라!"는 말씀이 성당 복구만을 뜻하는 것이 아니라 당시 재물과 권력으로 무너져 가는 교회를 재건하라는 보다 큰 시대적 사명임을 깨닫는다.

지난 2015년 5월 24일 '성령 강림 대축일'에 반포되어 세계적으로 많은 반향을 일으킨 교황님의 회칙 〈찬미 받으소서〉 역시 아시시의 프란치스코 성인의 노래 〈찬미 받으소서〉(Laudato si') 에서 따온 명칭이다. 제목이 말해 주듯이 이 회칙은 프란치스코 성인이 예수님께 받은 계시로부터 영감을 얻은 것이리라. 프란치스코 성인은 모든 생명체뿐 아니라 해, 달, 별까지도 한 분이신 아버지 하느님의 창조물이기에 형제자매로 대하며, 특히 말 못하는 다른 생명체들에 대해서도 존중과 돌봄의 자세를 갖는 것이 중요하다는 사실을 일깨워 주셨다.

회칙에서 교황님은 이처럼 프란치스코 성인의 눈으로 오늘날 지구 생태계 문제의 심각성을 꿰뚫어 보셨다. 인간을 비롯한 모든 생명체의 '공동의 집'인 지구가 아파하는 모습을 숙고하시면서 인류 '공동의 집'이 무너져 내리는 원인을 분석하시고 재건을 위한 근본적인 해결책을 제시하신다. 여기서 핵심적인 개념은 희랍어로 '오이코스', 즉 '집'이다. 희랍어의 '오이코스'는 영어의 '에코(eco)'로, '에코'는 우리말의 '생태'에 해당한다. '생태'를 '집'이라는 본래 의미로 생각하는 것은 환경과 생태를 바라보던 기존의 시각을 전환시킬 수 있는 가능성을 의미한다. 즉 '생태'를 생명체들이 거주하는 '집'으로 바라볼 때 환경문제가 곧 우리의 문제로 가까이 체감될 수 있음을 함축한다.

또한 이 회칙에서 사용된 '집'의 의미는 우리가 거주하는 공간으로서의 '집'의 개념을 넘어 하느님이 거주하시는 집으로서 우리 '영혼', 그리고 사람들이 함께 모여 상생하며 살아가야 하는 집으로서의 '사회공동체', 더 나아가 모든 생명체들이 공동으로 살아가는 집으로서의 '지구환경'을 가리키는 다양한 차원의 집을 생각하게 한다. 이것은 생태 문제가 단순히 지구환경 문제뿐만 아니라 우리 사회의 불평등, 우리 영혼의 탐욕 문제와도 긴밀히 연관되어 있음을 암시한다. 그러므로 지구 생태 문제 해결도 이 3가지 차원의 집들 간 연결성과 통합성 안에서 해결해 나가야 함을 제시하신다.

모든 생명체뿐 아니라 해, 달, 별까지도 한 분이신 아버지 하느님의 창조물이기에 형제자매로 대했던 프란치스코 성인처럼 다른 생명체들에 대한 존중과 돌봄의 태도가 오늘날 무너져 가는 이 지구 생태계를 재건하는 토대가 될 것이다.

이날 아침 우리는 드디어 프란치스코 성인의 숨결을 따라 아시시 순례에 나섰다. 첫 방문지는 '포르치운쿨라'(Porziuncula: '작은 경당'이란 뜻) 위에 지어진 '천사들의 성모마리아 대성당'이었다. 포르치운쿨라는 프란치스코 성인이 맨 처음 동료들과 수도생활을 시작한 곳이자 마지막 숨을 거두신 곳이다. 당시에는 떡갈나무 숲으로 둘러싸인 들판에 자리 잡고 있었다고 한다.

그림으로 장식된 곳이 포르치운쿨라 경당. 이 경당을 중심에 두고 '천사들의 성모마리아 대성당'이 지어졌다.

성인은 당시 분도회가 관리하고 있던 이 경당의 사용권을 얻어 그 주변에 움막을 짓고 동료들과 함께 수도 생활을 시작하셨다. 성인은 이곳에서 복음의 가르침대로 청빈의 삶을 영위하며 복음의 기쁨을 선포하였다. 이런 놀라운 증거는 사람들에게 감동을 주었고, 당시 귀족 자제였던 글라라 성녀를 비롯한 수많은 사람들이 이곳으로 몰려왔다. 새로운 수도 공동체에 들어온 사람들은 프란치스코 성인이 보여 준 복음의 기쁨을 맛보며 함께 살았다.

포르치운쿨라 경당이 갖는 교회사적 의미는 이곳에서 교황님

전대사에 얽힌 스토리는 다음과 같다.

어느 날 밤 기도 중 마귀의 유혹을 받은 프란치스코 성인은 포르치운쿨라 근처 가시덤불에 가서 알몸으로 뒹굴었다. 그러자 그의 몸이 닿은 가시덤불이 가시 없는 장미 덤불로 변했다. 그때 천사들의 인도로 경당으로 들어간 성인이 기도드리자 예수님께서 성모님과 수많은 천사와 함께 제대 위에 나타나시어 악마를 이긴 성인을 칭찬하시고 소원을 물으셨다. 이에 성인은 자신의 죄를 고백하고 성체를 모시고 교회 장상과 일치하여 이단을 근절하며 거룩한 신앙생활을 위해 기도하는 사람들이 전대사를 받을 수 있게 해 달라고 청하였다. 그러자 예수님은 당시 아시시 근처 페루자에 머물던 호노리우스 3세 교황님께 가서 전대사 인준을 받을 것을 명하셨다. 성인의 전대사 요청을 받은 교황님은 이를 인준하고, 1216년 7월 31일 이를 공포하였다.

의 전대사가 베풀어졌다는 점에 있다.

프란치스코 성인의 공로 덕분에 받게 된 전대사 과정은 우리 신앙인들의 희생과 공로가 어떤 역할을 하는지 돌아보게 한다. 우리는 가끔 혼탁한 세상에서 '나 혼자만 잘 사는 것이 무슨 소용이 있는가?' 하며 회의가 들기도 한다. 그리고 혼탁한 시류에 휩쓸려 저항하고 싶지 않을 때가 있다. 그러나 사도 바오로께서는 로마서에서 한 사람의 공로가 어떤 의미가 있는지 다음과 같이 언급하고 있다.

> "한 사람의 범죄로 모든 사람이 유죄판결을 받았듯이, 한 사람의 의로운 행위로 모든 사람이 의롭게 되어 생명을 받습니다."
> (로마 5, 18)

우리는 예수님의 공로로 죄를 용서받았고 성인, 성녀들의 공로로 얻은 전대사 덕분에 죄의 대가인 '잠벌'을 치르지 않고 주님께 가까이 갈 수 있는 혜택을 누리고 있다. 우리가 바치는 기도와 희생은 절대 헛되지 않을 것이다. 우리가 지향하는 사람들이 그릇된 생활에서 벗어나 주님 앞에 올바로 서고 주님께로 한 걸음 더 다가서게 만드는 데 한 알의 밀알이 될 것이다.

'천사들의 성모마리아 대성당'에서 나와 프란치스코 성인이 육욕을 이기기 위해 당신의 몸을 던진 장미 정원으로 향하는 복도를 지나다 보면 신기한 장면을 목격할 수 있다. 복도 초입에서

포르치운쿨라 경당 내부 전면의 프레스코화에는 주님의 탄생 예고와 그 위에 포르치운쿨라의 기적이 묘사되어 있다. 오른쪽에 두 천사 사이의 프란치스코 성인과 가시덤불 속에 있는 프란치스코 성인, 그리고 왼쪽에 포르치운쿨라 전대사를 받는 장면이 그려져 있다.(위)
오른쪽은 성 프란치스코가 육욕을 제어하기 위해 몸을 던진 장미 정원.

오른쪽으로 꺾어지는 모퉁이에 프란치스코 성인의 입상이 있는데 그 주변을 언제나 흰 비둘기 한 쌍이 맴돌고 있다. 마치 성인의 입상을 지키면서 방문객들을 맞이하는 모습이다. 유학 시절 아시시를 5~6번 방문했는데 그때마다 성인의 입상에 머무는 비둘기가 참으로 신기하게 느껴졌다. 마지막 방문 후 15년이 지나 다시 이 복도로 들어서는 순간 '예전에 보았던 그 비둘기들을 볼 수 있을까?' 하는 기대감으로 성인의 입상으로 다가갔다.

그런데 웬지 비둘기가 보이지 않았다.

"비둘기들이 다 어디 갔지? 숨었나? 죽었나?"

우리 일행이 웅성거리고 있는데 20m쯤 떨어진 곳 난간 밑에서 백옥같이 흰 비둘기 한 쌍이 '끼룩끼룩' 모습을 드러냈다. 마치 '우리 여기 있어요'라고 신호를 보내는 것 같았다. 우리는 다가가 사진을 찍었는데 비둘기들이 사람을 무서워하지도 않고 기꺼이 모델이 되어 주었다. 성인이 생전에 대화를 나눴다고 전해지는 이 비둘기들이 그곳에 대대손손 머문다고 하니 성인이 가신 지 800년이 흘렀지만 성인이 보여 준 공덕의 향기는 여전히 머무는 듯하다. 성 보나벤투라가 쓴《성 프란치스코 대전기》(12, 3)에 성인과 새들의 대화 부분이 나온다.

"성 프란치스코는 새들에게 '나의 형제들이여, 당신들은 당신들의 창조주를 찬미할 크나큰 의무가 있습니다. 그분은 여러분

프란치스코 성인의 입상(위)과 아시시의 한 쌍의 하얀 비둘기. 마침 비둘기들은 성인입상에서 나와 우리 일행을 반기는 듯했다.

을 깃털로 옷 입혀 주시고 날개를 주셨으며, 여러분의 보금자리에 깨끗한 공기를 마련해 주셨습니다. 여러분들이 힘들지 않도록 돌봐 주십니다'라고 말하며 하느님의 말씀을 들으라고 호소했다. 그가 그렇게 새들에게 이야기를 계속하고 있을 때 새들은 자기들의 기쁨을 놀라운 모양으로 나타내 보였다. 그들은 부리를 벌리고 그를 빤히 쳐다보면서 목을 쭉 펴고 날갯짓을 했다."

성인께서는 새들까지도 사랑과 존중의 마음으로 대하셨다. 그리고 창조주이신 하느님께 피조물로서 다 함께 감사와 찬미를 드리자고 자상하게 타이르셨다고 한다. 오늘날 미약한 생명체를 대하는 우리의 태도가 성 프란치스코의 정신과 얼마나 차이가 나는지 깊이 반성해 보았다.

성인의 가르침을 이어받은 교황님께서 회칙 92항에서 강조하신 의미를 새삼 되새겨 보았다.

"이 세상의 다른 피조물들에 대한 무관심이나 잔혹함은 언제나 어느 모로든 다른 사람을 대하는 방식에 영향을 미친다. 우리의 마음은 하나여서 동물을 학대하도록 이끄는 비열함은 곧 다른 사람과의 관계에 나타나게 된다. 그 어떤 피조물에 대한 것이든 모든 학대는 '인간의 존엄성에 어긋나는 것'이다."

우리는 가축들을 인간의 먹거리로만 여긴 나머지 비좁은 공간에서 잔인하게 사육하는 방식을 취하곤 한다. 그러나 이는 동물뿐만 아니라 그것을 먹고 사는 인간에 대한 학대이자 폭력이란 생각이 들었다. 인간들끼리도 서로 끝없이 용서하고 화해하듯이 인간의 먹거리가 되어 주는 동식물을 우리가 어떻게 대해야 할지 이곳 아시시의 성인께서 일찍이 몸소 보여 주신 것이다.

Day 7 – 1

천사들의 성모마리아 대성당(포르치운쿨라) __ 장미 정원(프란치스코 성인)

성 프란치스코의 영성 : 청빈, 정결, 순명

포르치운쿨라 '천사들의 성모마리아 대성당'에서 차를 타고 아시시 성문 근처에 있는 다미아노 성당으로 향했다. 산기슭에 있는 아시시에서 내려다보는 들녘의 풍광은 그야말로 환상적이었다. 예전에도 어느 화사한 봄날에 각양각색의 원색의 꽃이 만발한 아시시의 들판을 바라본 적이 있다. 그때 필자는 순간 명화 속 주인공이 된 것 같은 착각이 들 정도로 황홀했다.

대개 2월 초 이탈리아의 날씨는 구름이 잔뜩 낀 흐린 날이 많다. 그래서 이번 동계 순례 여행에서는 날씨에 대해서만큼은 큰 기대를 하지 않았다. 그런데 하느님께서 특별히 우리 일행에게 좋은 날씨를 허락해 주셨다. 어제 내린 비와 돌풍 덕분인지 미세

먼지가 사라진 창공엔 청명한 기운이 가득했다. 저 멀리까지 시계(視界)가 활짝 열리자 아시시의 멋진 경관이 온전히 드러났다. 주차장에서 내려와 다미아노 성당으로 가는 길에 우리 일행은 순례의 기쁨에 콧노래가 절로 나왔다.

다미아노 성당은 아시시의 성문 밖 어귀에 위치한다. 성 프란치스코가 살던 당시 아시시 주민들은 성을 드나들 때 이 성당 앞을 지나가야 했다. 그때는 다미아노 성당이 부서진 상태였다. 성인이 "부서진 교회를 재건하여라!" 하는 주님의 음성을 듣고 성

청명한 기운이 감도는 하늘 아래 펼쳐진 아시시 들판의 전경.

다미아노 성당에서 우리 일행이 묵상 중이다.
식당을 거쳐 2층으로 올라가면 성녀 글라라가 지내던 방이 나온다.

당을 복구하는 과정에서 부친과 관계가 나빠졌고, 세속적인 성공을 바라던 아버지의 바람과 하느님의 부르심 사이에서 갈등을 겪던 성인은 결국 '지상의 아버지'와의 인연을 끊고 '천상의 아버지'께로 돌아갔다.

성인은 보장되지 않은 미래, 아직은 모든 것이 불투명한 상황에서 어떻게 자신을 온전히 하느님의 부르심에 던질 수 있었던 것일까? 그 과감하고 당찬 결단은 어디서 생겨났을까? 성인을 향한 하느님의 부르심은 성경에 나오는 아브라함의 부르심을 연상케 한다.

"네 고향과 친족과 아버지의 집을 떠나 내가 너에게 보여 줄 땅으로 가거라!" (창세 12, 1)

우리는 프란치스코 성인의 생가 성당 앞에 설치된 성인의 부모 동상 앞에 서서 잠시 생각에 잠겼다. 성인의 어머니는 쇠사슬을, 아버지는 겉옷을 들고 있었다. 어머니의 쇠사슬은 성인이 창고에 갇히자 이를 안쓰럽게 여겨 밤에 몰래 잠긴 쇠사슬을 풀어 준 일화를 상징하는 것이다. 아버지의 겉옷은 광장 한가운데서 아들인 성인에게 "떠나려면 모든 걸 다 포기하고 떠나라"고 말하자 성인이 자신이 걸치고 있던 속옷까지 모두 벗어 버리고 맨몸으로 홀연히 떠난 사건을 표현한 것이리라. 아버지의 얼굴에는 자식을 원망하는 마음보다는 아쉬움이 가득해 보였다.

자기에게 익숙한 삶의 터전, 자신이 태어나고 자란 고향을 떠나 하느님이 약속하신 땅을 향해 발걸음을 내딛는 것이 얼마나 어려운 일인지 우리의 삶을 돌아보면 쉽게 이해할 수 있을 것이다. 하느님의 부르심은 성인의 내면에 세상의 어떤 것으로도 채울 수 없는 새로운 소망을 품게 했을 것이다. 마치 시편의 "암사슴이 시냇물을 그리워하듯이" 하느님을 그리워하는 마음이 미래에 대한 불안, 안락한 생활에 대한 유혹을 떨쳐 버리고 하느님의 부르심에 응답하게 한 원동력이 되었으리라. 또한 성인께서는 자신에게 닥친 고난과 시련을 스스로 자신을 돌아보는 겸손

성 프란치스코 생가 성당 앞에 세워진 성인의 부모님 동상.
어머니는 자식의 해방을 상징하는 쇠사슬을, 아버지는 성인이
벗어버린 속세의 가치를 상징하는 겉옷을 들고 있다.

의 미덕을 쌓는 계기로 삼아 하느님께 순종하는 마음으로 기꺼이 감내하고 극복했으리라. 이러한 하느님의 부르심에 응답하는 순종의 결과는 아브라함이 이스라엘 민족을 세우는 축복의 원천이 되었듯이 프란치스코 성인도 무너져 가는 교회를 재건하는 축복의 통로가 되었다.

다미아노 성당에서 순례를 마치고 성 프란치스코 대성당으로 향했다. 도중에 성녀 글라라(Clara: 프란치스코회의 첫 여성 동료) 대성당에 안치된 글라라 성녀의 무덤을 참배하고, 프란치스코 성인의 생가터에 세워진 새 성당(Chiesa Nuova)을 거쳐 성인의 유해가 모셔져 있는 대성당에 도착했다. 이 대성당 건축은 성인이 돌아가시고 2년 후 성인으로 시성된 바로 다음 날(1228년 7월 16일)

프란치시코 성인의 탄생지로 여겨지는 마구간 경당.

부터 착공되었다고 한다. 공사가 시작된 지 22개월 만에 아래층 성당이 완성되자 1230년 5월 25일 성 조르조 성당에 임시로 모셨던 성인의 유해를 이곳으로 옮겨 와 안치하였다. 대성당의 착공과 완공이 이처럼 신속하게 진행될 수 있었다는 사실 자체가 당시 얼마나 많은 사람이 성인으로부터 큰 영향을 받았으며 그를 깊이 추앙했는지 단적으로 보여 준다.

성 프란치스코 대성당은 먼저 아래층 성당이 완공되고 이어서 위층의 경당과 종각 등이 건축되어 1253년 인노첸시우스 4세 교황님의 주례로 축성되었다. 그 후 피렌체 출신의 화가이자 르네상스 미술의 선구적 역할을 했던 조토(Giotto di Bondone)에게 의뢰하여 위층 벽면에 성인의 일대기를 담은 28면의 프레스코화가 그려지고, 아래층 천장에는 '복음삼덕'을 철저히 추구했던 성인의 핵심 영성을 우화적으로 표현한 그림들이 그려졌다. 당시만 해도 문자해독 능력이 있는 사람이 많지 않았고 책 발간도 쉽지 않았기에 성당에 그려진 벽화나 천장화는 사람들에게 일종의 교리 교재 역할을 하였다.

성인의 일대기가 그려진 28면의 프레스코화는 성인이 많은 이들에게 공경을 받고 하느님의 위대한 일을 하실 분임을 예견한 어떤 이의 이야기로부터 시작된다. 그 사람은 길을 지나가려는 성인의 발치에 망토를 깔아 놓는다. 이어서 성인이 자신 앞에 깔린 망토를 가난한 기사에게 선물하는 장면, 그리스도의 십자가

아시시 성 프란치스코 대성당과 수도원 전경.

가 새겨진 갑옷으로 가득 찬 훌륭한 궁전에 대한 환시, 성 다미아노 성당에 걸려 있는 십자가에서 신비스러운 음성을 듣는 모습 등으로 이어진다.

이렇게 프레스코화의 스토리를 차례로 감상하다 보면 어느새 프란치스코 성인전 한 권을 다 읽은 듯한 감동이 밀려온다. 성인의 신앙생활의 정점은 1224년 라베르나산에서 기도 중 예수님의 다섯 상처가 자신에게 그대로 새겨지는 오상을 받게 된 사건일 것이다. 이에 관해서는 성 보나벤투라의《성 프란치스코 대전기》(13, 3)에 있는 다음 대목에서 알 수 있다.

> "프란치스코의 열렬한 세라핌(seraphim: 가톨릭 천사 중 최고의 지위에 속하는 천사들로 인간의 모습에 세 쌍의 날개를 단 천사를 가리킨다.)적 갈망은 그를 하느님께로 들어 올렸으며, 또한 동정심의 무아지경 속에서 크신 사랑으로 스스로 십자가에 달리기를 허락하신 그리스도처럼 만들었다.
> 그러던 어느 날 아침 '성 십자가 현양 축일' 무렵 라베르나산에서 기도하던 중 프란치스코는 날개 6개가 달린 세라핌이 하늘의 가장 높은 곳에서부터 내려오는 것을 보았다. 세라핌은 재빨리 그에게 가까이 내려와서는 공중에 멈추어 섰다. 그때 그는 십자가에 못 박힌 사람, 즉 양손과 양발을 쭉 뻗은 채 십자가에 못 박힌 사람의 상이 날개들 중앙에 있는 것을 보았다. ……

그는 이 기적적인 환시를 보고는 놀라 정신을 잃었다. …… 그 환시가 사라지자 그것은 그의 마음을 열심으로 불타오르게 하였으며, 기적적으로 그의 몸에 그와 똑같은 것을 박아 놓았다. 그의 손과 발에 십자가에 못 박힌 사람의 환시에서 본 것과 똑같이 못 자국이 나타나기 시작했던 것이다. …… 그의 오른쪽 옆구리는 마치 창으로 꿰뚫린 것 같았으며, 검푸른 상처가 찍혀 있었는데 자주 피가 흘러나와 그의 수도복과 바지가 피에 물들었다."

성인의 오상은 예수님과 온전히 일치된 상태가 되었음을 나타내는 더없이 큰 은총이다. 바오로 사도가 "이제는 내가 사는 것이 아니라 그리스도께서 내 안에 사시는 것입니다"(갈라 2, 20)라고 말씀하신 것과 같이, 죄인들을 위하여 십자가에서 죽기까지 사랑하셨던 그리스도의 동정과 연민의 마음(Compassion)으로 충만해진 상태이다. 성

조토가 성 프란치스코 대성당에 그린 프레스코화 〈프란치스코 성인이 오상을 받으심〉.

인의 오상은 주님의 상처와 마찬가지로 옆구리에서 자주 피가 흘러나와 심한 고통을 겪어야 하는 시련이기도 했다. 이렇게 하느님의 신비가 성인 안에서 다 이루어졌을 때 성인께서는 이 지상 생활을 마치고 하느님과 영원히 일치되는 천상의 삶으로 건너갔다.

성인의 삶은 그리스도의 행적을 그대로 닮았다. 그를 따르는 제자들과 함께 생활하였고, 사람들은 성인 곁에서 기적을 체험했다. 마귀를 쫓아내고, 술탄(Sultan: 이슬람 통치자의 칭호)에게까지 가서 복음을 선포하고, 동식물을 비롯한 모든 창조물을 사랑한 성인의 삶은 그리스도의 삶과 흡사하다. 그러나 이 모든 활동의 근저에 예수님이 세운 순명, 청빈, 정결의 '복음삼덕'을 철저히 지키려는 노력이 있었기에 가능했을 것이다.《성 프란치스코의 잔 꽃송이》 제2부 제3장에 성인이 얼마나 복음삼덕을 철저히 지키려 했는지 다음과 같이 소개되고 있다.

"하느님은 나에게 당신께 3가지의 선물을 바치도록 요구하셨는데 내가 '나의 주님, 저는 온전히 당신 것입니다. 당신께서도 아시는 바와 같이 저는 수도복과 허리띠, 그리고 바지 한 벌밖에 없습니다. 이 3가지도 모두 당신 것입니다. 그렇다면 당신 대전에 무엇을 바치거나 드릴 수 있나이까?' 하고 말하자, 하느님께서 '가슴에 네 손을 넣고 거기서 찾아내는 것은 무엇이든

내게 바쳐라' 하고 말씀하셨습니다.

말씀대로 가슴을 뒤져 보니 금화가 하나 들어 있기에 그것을 하느님께 바쳤습니다. 나는 이것을 세 번 했습니다. …… 그러자 그 3가지 봉헌물이 바로 '거룩한 순종'과 '지극히 위대한 가난'과 '빛나는 정결'을 상징해 주고 있다는 것을 나는 즉시 깨닫게 되었습니다. 그리고 나는 내 양심이 아무것도 꾸짖지 못할 정도로 이 3가지 허원을 잘 지켰습니다."

성인이 하느님께 드린 3가지 봉헌은 '거룩한 순종'과 '지극히 위대한 가난', 그리고 '빛나는 정결'이었다. 하느님께서 자신에게 바치기를 원하신 것이 바로 예수님께서 보여 주신 '복음삼덕'임을 깨달은 성인은 그것을 철저히 준수하신 것이다. 복음삼덕의 가치가 지극히 위대하고, 빛나고, 거룩한 것이기 때문이다.

이러한 성인의 복음삼덕 준수의 영성을 화가 조토는 '아래 성당' 천장에 우화적으로 그렸다. 조토는 성인이 하늘에서 내려온 2개의 손으로 인도되는 모습으로 '거룩한 순종'을 묘사하였다. 그리고 성인이 '가난 부인'과 결혼하는 모습을 그려 '지극히 위대한 가난'을 표현하였다. 또한 성안에 흰옷 입은 여인을 그림으로써 '빛나는 정결'을 표현하였다. 그리고 순명, 청빈, 정결의 '복음삼덕'으로 성인이 황금색 부제복을 입은 모습으로 영광스러운 천국으로 들어가는 모습을 표현함으로써 복음삼덕의 준수가 성인의 핵심 영성임을 보여 주고 있다.

성인은 이 복음삼덕을 철저히 따름으로써 그 가치를 새롭게 드러내셨을 뿐만 아니라 무너진 '하느님의 집'인 우리 영혼을 수리하는 방법을 일깨우셨다. 우리 영혼이 수리되고 하느님을 모실 공간이 마련되어야 하느님께서 우리 영혼 안에 머무실 수 있기 때문이다. 하느님을 우리 영혼 안에 모시기 위한 우리 영혼의 집안 대청소가 바로 복음삼덕을 지키는 것이다.

요즘 코로나19의 창궐로 사회적 거리두기 운동이 한창이다. 전염병을 예방하기 위해 '사회적 거리두기'가 필요하다면 하느

성 프란치스코 대성당 앞 정원에서. 프란치스칸의 상징인 타우 십자가(T)와 성인의 염원인 평화가 새겨진 정원이다.

님을 우리 영혼에 모시기 위해서는 '세속과 거리두기'가 필요하다. 예컨대 세속적인 가치와 일정한 거리두기, 세상의 물질이나 재화들에 대한 탐욕과 거리두기, 마음에서 발동하는 욕정들과 거리두기, 헛된 명예나 영광을 좇는 삶에서 거리두기 등이 요구된다. 반면에 하느님께는 좀 더 가까이 다가가는 '영성적 거리 좁히기'가 필요하다. 이를 통해 우리의 영혼이 재건되어야 그 안에 하느님을 모실 수 있다. 가정과 교회, 그리고 사회의 복음화 원리도 바로 우리 영혼의 집안 대청소인 '세속과의 거리두기'에서 시작되어야 한다. 우리의 영혼이 하느님이 거처하시는 온전한 '집'이 되었을 때 우리에게 비로소 '향주삼덕'인 믿음, 소망, 사랑이 넘치는 '하느님 나라'가 임하게 될 것이다.

우리는 성인에 대한 감사의 마음과 성인의 향기를 머금은 채 피렌체를 향해 발길을 옮겼다. 오후 5시경 우리는 피렌체에 도착했다. 피렌체는 로마에서 북서쪽으로 233km 떨어진 지점, 이탈리아 중부 내륙 토스카나주의 주도이다(이탈리아어로 Firenze, 영어 · 프랑스어로 Florence이다. 르네상스의 발상지로서 '중세의 아테네'로 일컬어진다.). 필자가 이탈리아 유학 발령을 받고 8개월 동안 언어 연수를 하기 위해 머물던 곳이다. 그런 연유에서인지 이곳을 지나칠 때나 들를 때마다 고향 같은 정겨움을 느낀다. 그런 곳을 10년 만에 다시 방문하게 된 것이다. 우리는 중앙역 근처에 있

미켈란젤로 광장에서 바라본 피렌체 시내.
오른쪽으로 높이 보이는 곳이 산타크로체 성당,
중앙이 피렌체 두오모 성당, 그리고 왼쪽으로
보이는 곳이 시뇨리나 광장에 있는 옛 시청 건물이다.

는 호텔에 도착하자마자 여장을 풀고 밖으로 나갔다. 저녁 식사 전에 잠깐 짬을 내 피렌체 시내가 내려다보이는 미켈란젤로 광장 언덕에 올랐다. 그곳에서 석양을 배경으로 붉게 물든 '피렌체 시내'와 '아르노강'을 한눈에 바라보니 20년 전의 기억이 새록새록 떠올랐다.

2000년 1월 22일 필자는 당시 이탈리아에 유학 오신 동료 신부님 두 분과 피렌체에 처음 갔다. 그때 우리를 반갑게 맞이하며 숙소를 안내해 주신 분은 우리보다 먼저 로마에서 유학 중이던 선배 신부님이셨다. 숙소는 옛 수도원을 개조하여 만든 곳이었다. 주로 피렌체 교구 은퇴 신부님들의 사제관 겸 공부하는 사제들이 장 · 단기간 머물 수 있는 신학원으로 쓰이고 있었다.

사제 숙소 안에 나이 많으신 할머님 두 분도 거주하고 계셔서 다소 의아했다. 나중에 알고 보니 그분들은 피렌체 교구 어느 신부님들의 '식복사'였다. 평생 모시던 신부님들이 작고하시자 마땅히 갈 곳이 없던 차에 교구가 그분들의 사정을 배려하여 계속 그곳에 머물도록 허락한 것이다. 할머님들이 그곳에 사시는 것은 만리타국에서 온 외국인 유학 사제들에게는 그야말로 행운이었다. 그분들이 어린아이 수준의 이탈리아어를 구사하는 우리의 '맞춤형 이탈리아어 교사'가 되어 주셨기 때문이다.

처음 이탈리아어를 배울 때 고초와 애로 사항이 많았다. 그러나 우리 앞에 '수호천사'처럼 나타난 그 할머님들은 용기를 북돋아 주셨고, 인내심을 갖고 우리 말을 끝까지 경청해 주셨다. 그리고 잘못된 부분을 일일이 알아듣기 쉽게 고쳐 주셨다. 더구나 젊은 외국인 사제인 우리에게 항상 존칭어를 써서 사제에 대한 존경심을 표하셨다. 지금 생각해 보니 그 할머님들의 배려와 환대가 이탈리아 생활에 잘 적응할 수 있게 된 좋은 밑거름이 된 것 같다. 지금쯤은 소천하셨을 할머님들이 부디 하느님의 영광 안에서 영생을 누리시길 빈다.

Day 7－2

다미아노 성당 __ 성녀 글라라 대성당 __ 성 프란치스코 생가 성당 __ 성 프란치스코 대성당 __ 피렌체로 이동 __ 피렌체 미켈란젤로 광장 언덕

새로 거듭남

아침 6시, 좁은 호텔 객실에서 미사를 봉헌하였다. 미사 강론에서는 우리가 르네상스 운동의 발상지이자 그 운동이 꽃피었던 역사적인 장소에 있음을 상기시키며 르네상스 운동에 대하여 설명하였다. 원래 '르네상스'의 어원적 의미는 '다시 태어남'이란 뜻이다. 일행은 르네상스가 그런 뜻인지 몰랐다며 금시초문이라는 표정을 지었다.

14~16세기 피렌체는 르네상스 문학과 예술, 그리고 금융의 도시로서 유럽 문화를 주도했던 곳이다. 당시 르네상스 운동을 이끈 우수한 천재들도 이곳 출신이다. 단테, 레오나르도 다빈치, 미켈란젤로 등 세계적인 문학가 및 예술가에서부터 당시 급진적 공화정을 주장했던 사보나롤라, 그리고 근대과학의 선구자 갈릴

레오 갈릴레이에 이르기까지 우리가 중고등학교 때 배운 세계사의 유명 인물들이 피렌체 혹은 피렌체 인근에서 태어났다. 특히 메디치 가문은 금융업을 통해 막대한 부를 창출하여 예술과 과학기술 분야를 지원한 것으로 널리 알려져 있다. 이렇게 천재들의 탄생과 새로운 금융업 중심 도시와의 만남으로 촉발된 르네상스 운동은 중세에서 근대로 전환되는 '재탄생'의 사상적 원류가 되었다.

'르네상스'의 요체는 중세의 신(신학) 중심에서 고대 희랍의 인간(특히 아리스토텔레스 철학) 중심주의로 되돌아가 잃어버린 인간의 가치를 재발견하자는 운동이라고 말할 수 있다. 이러한 르네상스의 역사적 의미를 떠나 이날 강론에서는 타성에 젖기 쉬운 우리의 신앙생활에서 '재탄생'의 의미를 되새겨 보았다.

우리에겐 신앙으로 재탄생하는 과정이 꼭 필요하다. 요한복음 3장을 보면 예수님께서 니고데모와의 대화를 통해 재탄생의 필요성을 다음과 같이 강조하신다.

> "내가 진실로 진실로 너에게 말한다. 누구든지 위로부터 태어나지 않으면 하느님의 나라를 볼 수 없다. …… 물과 성령으로 태어나지 않으면 하느님 나라에 들어갈 수 없다. 육에서 태어난 것은 육이고, 영에서 태어난 것은 영이다." (요한 3, 3-6)

피렌체 산타크로체 성당에 있는
르네상스 운동의 거장
단테의 가묘(위)와
미켈란젤로의 무덤(아래).

예수님께서는 하느님 나라에 들어가려면 우선 물과 성령을 통해 '영적으로 거듭남'(재탄생)이 필요하다고 말씀하신다. 이것이 바로 우리에게 세례가 필요한 이유다. 물과 성령의 세례로 새로 태어난다는 것은 바오로 사도가 말씀하신 것처럼 그리스도와 함께 죄의 욕구, 육체적 욕망을 십자가에 못 박고 성령의 인도에 따라 새로운 삶을 사는 것(갈라 5, 23-24)을 의미한다. 육의 욕망은 죽고 성령의 영향 아래 살아갈 때 우리 안에 성령의 열매를 맺게 된다. 사랑, 기쁨, 평화, 인내, 친절, 선행, 진실, 온유, 절제(갈라 5, 22-23), 즉 9가지 성령의 열매를 맺게 될 때 우리는 비로소 하느님 나라 천국에 들어가 영생의 축복을 누릴 수 있다.

이 9가지 열매는 3가지 카테고리로 다시 나뉠 수 있는데 처음 3가지인 '사랑, 기쁨, 평화'는 하느님이 주시는 '천국의 맛'에 비유할 수 있다. '천국의 맛'은 이 세상 모든 고통의 맛을 단숨에 녹여 버리고 천국인으로서 누리게 될 새로운 삶의 경지이다. 두 번째 3가지인 '인내, 친절, 선행'은 이웃을 진정한 형제애로 받아들일 수 있는 축복이다. 이 성령의 열매를 맺기 전까지는 내가 좋아하는 사람에게만 인내와 친절, 그리고 선행을 베푼다. 그러나 성령의 열매로서 인내, 친절, 선행은 선한 이에게나 악한 이에게나, 심지어 원수까지도 포용할 수 있는 은총이다. 마지막 3가지인 '진실, 온유, 절제'는 성모님께서 우리와 이 세상을 지배하는 사악한 영들의 힘을 뱀의 머리를 밟고 이기셨듯이 우리 자신을 이기고 우리의 영혼을 하느님과 일치하도록 정향하는 축복이다.

미사를 드리고 아침 식사 후 피렌체 순례지를 향해 나섰다. 하루 일정으로 모든 곳을 돌아볼 수 없었기에 선택과 집중이 필요했다. 첫 방문지는 '성 마르코 수도원'이었다. 이 수도원은 유럽 최초의 공공도서관이 설치된 곳으로 유명하다. 특히 수많은 순례객과 관광객이 이곳을 찾는 이유는 천상의 화가이자 수도자로 명성을 떨친 프라 안젤리코(1395-1455: 도미니코회 수사. 1984년에 복자품에 오름.)의 작품을 보기 위해서이다. 프라 안젤리코란 '천사 같은 수사님'이라는 뜻으로 그에 대한 존경과 사랑을 표하기 위해 후세 사람들이 붙인 이름이다.

그는 르네상스 시대의 화풍에서 벗어나 인간의 종교적 내면성을 표현하는 데 특별한 재능이 있었다. 그는 작품을 머리로 구상해서 그린 것이 아니라 기도의 결실로써 그렸다. 그래서인지 그의 작품을 감상하는 이들의 마음은 하느님께로 향하는 은혜로 넘친다. 1982년 그의 시복식 때 교황 요한 바오로 2세께서 다음과 같이 말씀하셨다.

> "복자 안젤리코는 일생을 통해 많은 작품을 그렸다. 특히 성모님을 그린 작품에서는 그 자신의 생애와 완벽한 일치를 보일 정도로 그는 당대에 보기 드문 예술가 중 한 사람이었다."

피렌체 성 마르코 수도원에
프라 안젤리코가 수도사들의
독방에 그려준 벽화.

그는 그리스도와 성모님의 구원사를 묵상할 수 있도록 당시 도미니코회 수도사들의 모든 독방(Cella)에 벽화를 그려 주었다고 한다.

특히 그가 성 마르코 수도원 2층 벽면에 그린 프레스코화 〈주님 탄생 예고〉는 신앙의 의미를 깊이 묵상하게 한다. 이 작품은 루카복음 1장 26-38절의 '주님 탄생 예고' 사건을 주제로 그려졌다. 천사 가브리엘은 하느님의 아들이 잉태되리라는 기쁜 소식을 전해 주지만 미혼이신 성모님께서는 당혹스러워하실 소식이었다. 두 손을 가슴에 포갠 천사의 모습은 성모님께 예를 다하고 있다. 천사의 말을 전해들은 성모님의 모습도 순명의 태도와 평상심을 보인다. 그러나 이러한 모습을 되찾기까지 성모님께서도 의구심과 두려움이 없었던 것은 아닐 것이다. 그런데도 그런 마음을 모두 극복하시고 평온함을 되찾은 모습을 담은 그림이다.

우리도 신앙생활을 하다 보면 하느님의 뜻을 가늠하기조차 어려울 때가 많다. 가까운 사람들 사이에도 서로의 뜻이 잘 소통되지 않는 경우가 많은데 인간으로서 하느님의 뜻을 헤아리기란 더더욱 쉽지 않으리라! 그러나 소통의 어려움은 실제로 서로 '다름'의 문제가 아니라 서로 다르게 느끼려는 '마음가짐'에서 비롯된 경우가 많다. 신앙은 서로 다름을 인정하고, 상대의 뜻을 완전히 이해하지는 못할지라도 기본적인 신뢰를 저버리지 않는 태

피렌체 성 마르코 수도원 벽면에 그린 프라 안젤리코의 〈주님 탄생 예고〉.

도이다.

성모님께서는 천사의 말을 인간의 머리로 판단하거나 '의심' 하지 않으시고 단지 그 의중만을 되새기셨다. 제대로 잘 알지도 못하는 부분에 대해 선입견을 품거나 판단하는 것을 멈추고, 그 진정한 뜻을 헤아리기 위해 다가서는 것이 바로 하느님을 향한 믿음과 온유의 태도이다. 성모님은 바로 이런 자세로 인간의 머리로는 도저히 이해할 수 없는 '신비'에 다가가셨다. 성모님께서는 좋은 소식이나 나쁜 소식이나, 이해할 수 있거나 이해할 수 없거나 하느님이 무언가 뜻하신 바가 있어서 일어난 일이라고 여기셨다.

우리도 성모님처럼 우리 삶에서 이해할 수 없는 순간들, 갈등이나 딜레마 같은 상황들에 간혹 부닥친다. 이런 순간에도 우리는 성모님처럼 모든 것을 하느님께 의탁하고 하느님의 뜻대로 해결해 나가야 하지 않을까?

Day 8－1

피렌체 호텔 __ 성 마르코 수도원(피렌체)

예술과 자연이 주는 위로

성 마르코 수도원 탐방을 마친 후 두 번째 순례지인 아카데미 박물관으로 향했다. 아카데미 박물관은 미켈란젤로의 〈다비드〉 상이 소장된 곳으로 유명하다. 그림이나 영상을 통해 예술품을 감상하는 것과 직접 방문하여 실물을 감상하는 것은 너무 다르다. 미켈란젤로의 다비드상을 실제로 대하는 순간 작품의 웅장함과 정교함에 압도당하면서 동시에 형언할 수 없는 감동이 밀려온다. 5m나 되는 돌덩이를 가지고 어떻게 이처럼 생동감 있게 조각할 수 있었을까? 마치 하느님께서 아담을 창조하시고 숨을 불어넣으신 것처럼 돌 속에 혼을 불어넣은 듯한 느낌이 들었다. 골리앗을 향해 돌팔매질하려는 순간을 포착하여(1사무 17장) 역동성과 긴장감, 근육과 혈관 등

'디테일'까지 세밀하게 표현한 모습에서 미켈란젤로의 천재성과 해부학적 지식을 엿볼 수 있었다.

원래 천재적인 조각가는 머릿속에 그린 형상대로 대상을 조각하지 않는다고 한다. 대신 돌덩이 속에 숨어 있는 형상을 발견하고, 그 형상을 부각시키기 위해 불필요한 부분을 쪼아 내는 방식으로 조각한다고 한다. 이러한 걸작이 탄생한 비결은 조각가의 인위적이고 기술적인 주관성을 뛰어넘어 객관세계로부터 자연의 미를 발견해 내는 통찰에 있다고 하겠다.

창세기에 하느님께서 이 세상을 창조하실 때 '말씀'(Logos)으로 창조하셨다고 쓰여 있다(창세 1, 3.6.9.14.20). '말씀으로 세상을 창조하셨다'는 의미는 하느님께서 말씀하시자 그 말씀대로 이루어졌다는 뜻도 있지만 '세상 만물에 하느님의 말씀, 즉 로고스(의미)를 새겨 넣으셨다'는 뜻으로도 생각할 수 있다.

인간의 활동은 바로 하느님이 세상 만물에 새겨 놓으신 로고스(의미)를 발견하고 그 로고스(의미)를 밖으로 꺼내는 것이다. 그리고 밖으로 드러난 로고스(의미)를 만날 때 우리는 아름다움을 체험한다. 마치 미켈란젤로가 돌덩이 속에서 다비드(로고스)를 만나고, 조각을 통해 다비드를 밖으로 꺼내고, 그 다비드(로고스)를 보고 아름다움을 체험하듯이. 객관적으로 존재하는 로고스를 통찰하는 진리 탐구, 그 로고스를 밖으로 구현해 내는 창작 활동(Good-work), 그리고 구현된 로고스의 아름다움을 만나는 감

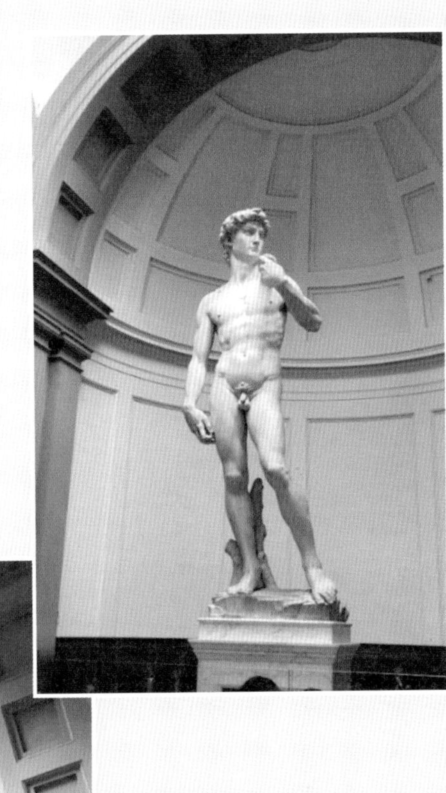

피렌체 소재 아카데미 박물관에
소장돼 있는 미켈란젤로의 〈다비드 상〉.

상, 즉 진선미 활동을 통해 인간은 하느님의 창조 활동에 참여하게 된다. 우리는 미켈란젤로의 창작물 다비드상 앞에서 그의 창작 활동을 통해 드러난 아름다움을 함께 느낀 참여자가 되었다.

아카데미 박물관은 견학 온 이탈리아 초등학생들로 붐볐다. 그들이 미켈란젤로의 작품을 직접 감상하는 방식으로 현장학습을 진행하는 모습이 부럽게 느껴졌다. 작가와 작품에 관해 열정

아카데미 박물관에 소장된 예술품들.(위) 아카데미 박물관에 견학 온 초등학생들이 인솔교사의 설명을 경청하고 있다.

적으로 설명하는 교사의 모습도 보기 좋았지만, 선생님의 말씀을 한마디도 놓치지 않으려고 귀를 쫑긋하고 듣는 학생들의 주의 깊은 태도가 인상적이었다. 이렇게 걸작을 앞에 두고 직접 보고 듣고 체험할 수 있으니 미적 감수성과 안목이 얼마나 성장하고 예술에 관한 관심이 얼마나 높아질 것인가! 이보다 더 좋은 동기유발 학습은 없을 것 같았다.

필자도 20년 전 이탈리아 어학원에 다닐 때 정규수업 일정 가운데 주 2시간씩 관광객이 조금 덜 붐비는 시간에 박물관이나 미술관을 방문하여 현장학습을 한 적이 있었다. 이탈리아어가 일천한 초보 시절이라 큐레이터들의 작품 설명을 제대로 알아듣지는 못했지만 그래도 작품 감상이 좋아지기 시작했다. 평소 필자는 예술품 감상에 그다지 조예가 없었다. 그러나 명작들을 자주 접하고 설명을 듣다 보니 예술작품에 대한 감흥이 일어나고 미적 감수성도 조금씩 커지는 듯했다. 사실 필자는 초등학교 1학년 때 미술 시간과 관련된 안 좋은 기억, 즉 마음의 상처가 있었다. 그러한 필자에게 유학 시절 피렌체 어학원을 다니면서 갖게 된 미술관 현장학습은 과거 상처를 치유받는 축복의 시간이기도 했다.

우리는 미켈란젤로의 다비드상 감상 덕분에 예술혼이 충만해진 상태로 아카데미 박물관을 나왔다. 그리고 피렌체 시내에 있는 명소들을 둘러보았다. 두오모 성당과 조토의 종탑, 세례당, 단테 생가, 시뇨리아 광장, 피렌체 옛 시청, 우피치 미술관, 베키오 다리, 산타크로체 성당, 아르노강 등등. 그 명소들을 자세히 둘러볼 시간은 없었지만 가이드의 설명과 필자의 설명이 더해져 피렌체가 과거 르네상스 중심 도시로서 그 위용이 얼마나 대단했는지를 아는 데 일행들에게 다소나마 도움이 되었으리라.

피렌체 명소 탐방을 마치고 숙소로 돌아와 짐을 챙긴 뒤 일몰 시각에 맞춰 피렌체 인근 '피에솔레'로 향했다. 피에솔레는 피렌체에서 5km쯤 떨어진 피렌체 외곽에 자리 잡은 산 위의 마을이다. 이곳은 피렌체를 한눈에 내려다볼 수 있을 뿐만 아니라 황홀한 일몰 전경을 감상할 수 있는 곳으로도 유명하다.

20년 전 이곳에서 어학원에 다닐 때 같은 반 급우 중 '마리오'라는 프란치스코회 멕시코 수사신부님이 계셨다. 어학원에 다니는 급우들은 대부분 대학생이어서 어울리기가 쉽지 않았지만 마리오 수사님과 필자는 같은 가톨릭 사제로서 친해져서 자주 어울렸다. 하루는 마리오 수사님이 자신이 머무는 곳에 필자를 초대했다. 수업을 마친 후 시내버스를 타고 수사님이 계시는 수도원에 가서 차를 마시고 주변 유적지도 둘러보았다. 수도원이 마침 피에솔레 일몰 포인트 근처에 있어서 우리는 해넘이 시각에 맞춰 돌아오는 길에 일몰 구경을 했다. 지금도 석양이 은은하게 비치던 당시의 해넘이 광경을 잊을 수가 없다.

피렌체를 관통하는 아르노 강 위에 설치된 베키오 다리를 배경으로 기념촬영.
이 다리 위 양옆에는 보석상들이 줄지어 영업하고 있다.

이번 순례를 계획하면서 20년 전 경험했던 일몰 광경을 다시 한 번 보고 싶었다. 만일 구름이 짙게 드리운다면 모든 것이 수포가 될지도 모른다.

우리가 일몰 포인트에 도착한 그 시각, 다행히 공기도 맑은 데다가 구름 한 점 없는 청명하고 화창한 날씨가 허락되었다. 우리 일행은 시야가 뻥 뚫린 듯한 일몰 포인트에서 낙조를 감상하는 행운을 누릴 수 있었다. 노을빛은 찬란한 광채를 내뿜는 일출과 달리 은은하고 평화로운 빛깔로 우리 마음을 어루만져 주는 위로와 넉넉함의 빛살이다.

밀레의 〈만종〉.

이러한 석양의 낙조는 우리가 잘 아는 밀레의 작품 〈만종〉에 잘 표현되어 있다. 해질 녘을 배경으로 감사기도를 바치는 부부를 석양빛이 비춰주고 있다. 하느님의 위로와 풍요로운 은총이 드리워지는 모습이다. 부부는 그런 하느님께 고개 숙여 감사의 기도를 드린다. 하루하루를 치열하게 살아 내는 사람들의 소중한 땀과 그런 삶을 따뜻하게 감싸안아 주는 대자연의 아름다움이 극명하게 대조를 이루는 걸작이다.

필자는 어렸을 때부터 석양을 유난히 좋아했다. 석양의 햇살을 안고 토끼풀을 뜯으러 가곤 했다. 당시 시골집에서 토끼를 몇

피에솔레 일몰 포인트에서 피렌체 전경 및
일몰 광경을 배경으로 포즈를 취한 필자.

마리 키웠다. 방과 후 동네 아이들과 신나게 뛰어놀다가도 어둑어둑 땅거미가 질 무렵이면 갑자기 토끼 생각이 났다. 저녁밥도 거르고 계속 뛰어놀고 싶었지만 토끼는 굶길 수가 없었다. 그래서 토끼풀을 뜯으러 석양빛이 내려앉는 야트막한 동네 뒷산 넘어 밭으로 발길을 돌리곤 했다. 지는 해의 따뜻한 광채가 필자의 가슴에 와 닿는 순간 낮에 놀던 때의 흥분은 어느덧 차분히 가라앉고 마음이 정돈되는 것 같았다. 그때는 미처 몰랐지만 그 후 묵상기도 중 하느님의 위로를 생각할 때 석양의 따스함이 중첩되어 떠오르곤 한다.

피에솔레에서 또다시 해넘이 추억을 간직한 채 근처 레스토랑에서 피렌체 토속 음식의 정수를 느낄 수 있는 맛있는 저녁 식사

피에솔레 일몰 광경을 감상한 후 근처 식당에서 만찬을 하였다.

를 만끽한 후 볼로냐로 향했다. 볼로냐는 다음 날 아침 일찍 베네치아로 떠나기 위해 잠시 머무는 중간 기착지였다.

Day 8－2

아카데미 박물관(미켈란젤로의 〈다비드 상〉) __ 두오모 성당 __ 조토의 종탑 __ 세례당 __ 단테 생가 __ 시뇨리아 광장 __ 피렌체 옛 시청 __ 산타크로체 성당 __ 아르노강 __ 베키오 다리 __ 피에솔레(일몰) __ 볼로냐로 이동

'물의 도시' 베네치아의 지혜

볼로냐 공항 근처 호텔에 투숙한 우리는 이튿날 새벽 미사와 아침 식사를 마친 후 서둘러 버스에 올랐다. 볼로냐에서 베네치아까지 관광버스로 2시간 반가량 소요되었다. 일정상 베네치아는 오래 머물 수 없었다. 다음 날 유럽의 지붕인 몽블랑 탐방이 계획되어 있었기 때문에 베네치아는 반나절의 짧은 일정으로 소화했다.

바다 위에 떠 있는 수상도시 베네치아(영어로 베니스)는 한때 지중해 전역에 맹위를 떨친 해상 공화국의 요지였다. 오늘날에는 특히 운하 · 예술 · 건축 면에서 독특하고 낭만적인 분위기를 자아내는 환상적인 곳이다. 이곳은 베네치아만 안쪽 석호 위에 흩어져 있는 120개 정도의 작은 섬으로 이루어졌다. 이들 섬은 중앙 대운하를 비롯하여 150개의 운하와 400여 개의 연륙교로 연결되어 있으며, 이들 수로가 중요한 교통로가 되어 독특한 시가지 풍광을 이루고 있다.

베네치아는 버스나 지하철 같은 지상 대중교통 수단이 없다. 베네치아에 도착한 우리는 수상택시를 타고 베네치아 중심부에 있는 성 마르코 대성당으로 이동했다. 성 마르코 대성당은 복음사가 마르코 성인의 유해를 안치하기 위해 세워졌다. 원래 829년 이집트 알렉산드리아에 모셔졌던 성인의 유해가 베네치아로 옮겨졌다. 베네치아인들은 성 마르코를 자신들의 수호성인으로 삼고 성인에게 특별한 공경을 바쳤다.

이집트에서 마르코 성인의 유해를 모셔오는 과정에 얽힌 일화는 흥미롭다. 성인의 유해를 옮기는 계획이 사전에 새나가면 분쟁의 소지가 있었기 때문에 철저히 비밀에 부쳐졌다. 우선 이집트 그리스도교 신자들의 눈을 피하고자 성인의 유해를 다른 사람의 시신으로 위장하였다. 또한 세관원들의 눈을 속이고자 유해의 가슴 부분을 이슬람인들이 싫어하는 돼지고기로 채워 넣었다. 유해의 가슴을 열어젖힌 항구 세관원은 돼지고기를 보고 혐오감에 얼굴을 돌리며 시신을 당장 배에 선적할 것을 명하였다. 이렇게 하여 성인의 유해를 베네치아로 모셔올 수 있었다고 한다. 이 일화는 대성당 출입구에 모자이크로 자세하게 표현되어 있다.

성인의 유해를 숨겨 가져온 일화가 성 마르코 대성당
입구 천장에 모자이크로 표현되어 있다.

이런 지혜를 가졌기에 베네치아공화국이 그리 좋은 지리적 환경이 아니었음에도 697년 초대 총독을 선출한 이래 무려 1100년 동안이나 지중해 해양 대국으로 패권을 유지할 수 있었던 것이 아닐까! 예수님께서도 제자들을 파견하시면서 다음과 같은 당부 말씀을 하신다.

"나는 이제 양들을 이리 떼 가운데로 보내는 것처럼 너희를 보낸다. 그러므로 뱀처럼 슬기롭고 비둘기처럼 순박하게 되어라." (마태 10, 16)

이는 세속에 복음을 전파하는 데 양순함만으로는 충분치 않고, 때론 지혜로움을 발휘할 것을 권고하신 것이다. 그러나 예수님이 "이 세상의 자녀들이 저희끼리 거래하는 데에는 빛의 자녀들보다 영리하다"(루카 16, 8)라고 지적하신 것처럼 우리 신앙인들은 예나 지금이나 세속인들의 약삭빠름을 쫓아가지 못하고 있다. 우리가 전해야 할 복음 선포의 중요성을 깊이 깨닫지 못하고 있는 데다가 신앙인으로 살아가야 할 필요성과 절실함이 부족하기에 지혜를 발휘하여 하느님의 일을 수행하는 데 더디지 않나 싶다.

유학 시절 지인들을 모시고 베네치아에 올 때마다 붐비는 관광객들로 발 디딜 틈이 없었다. 게다가 혹시 소매치기당하지 않을까 긴장하며 다니던 기억이 난다. 그런데 이번에는 코로나바이러스 차단을 위해 중국인 관광객들의 입국이 금지된 상황이었고, 관광 비수기까지 겹쳐 예전의 혼잡하던 모습을 찾아볼 수 없었다. 베네치아가 붐빌 때는 수상택시로 도시의 대운하를 통과할 수 없었지만 이날은 운 좋게도 수상택시를 이용한 대운하 통과가 가능했다. 우리는 베네치아 중심을 관통하여 유람을 즐기면서 버스 주차장으로 쉽게 되돌아갈 수 있었다.

청명한 하늘 아래 바다 물살을 가르며 달리는 수상택시를 타고 대운하를 통과하는 기분은 말로 표현할 수 없을 만큼 좋았다. 우리 일행에게서 저절로 노랫소리가 흘러나왔다. 이따금 곤돌라를 타고 지나가는 사람들에게 손을 흔들며 인사를 나누고, 그림

우리 일행은 베네치아 대운하를 수상택시로 통과하였다.

엽서처럼 아름다운 전경들을 속속 카메라에 담았다. 어린 시절의 동심이 되살아나는 것 같았다. 하늘, 바다와 같은 쪽빛으로 채색된 것 같은 우리 마음도 잡다한 걱정거리는 말끔히 사라지고 맑은 기운으로 채워졌다. 일상을 벗어나 가끔 여행을 떠나야 하는 이유가 무엇인지 몸소 느낄 수 있는 시간이었다.

베네치아에 놓인 400여 개의 다리 중 가장 유명한 다리는 '리알토 다리'이다. 베네치아 대운하를 가로지르는 다리로 대운하의 폭이 가장 좁은 곳에 건설되었다. 원래는 목조 교량이었지만 16세기 말 안토니오 다 폰테의 설계로 대리석으로 재탄생되어 지금의 다리가 되었다. 다리에서 바라보는 풍경이 무척 아름다워 늘 관광객들로 붐비곤 한다. 우리는 수상택시로 리알토 다리

일행이 '리알토 다리'를 배경으로 수상택시에서 기념 촬영을 하고 있다.

밑을 통과했다.

다리(bridge)는 라틴어로 'pons', 이탈리아어로 'ponte'이다. 그리고 '교황'을 뜻하는 라틴어는 'pontifix'이다. 그래서 '교황'의 정의는 '다리를 놓는 사람', '다리를 건설하는 사람'이란 의미를 함축한다. 이탈리아어와 라틴어를 알게 되면서 교황님께서 수행하시는 사명, 즉 우리 교회의 사명이 무엇인지 명확하게 다가왔다.

우리 교회의 사명은 다리의 역할, 즉 이어 주고 연결해 주는 다리 역할이다. 하느님과 사람들을 이어 주는 것이 교회 직무 중 '사제직'이라 할 수 있다. 그리고 하느님 백성들 사이를 연결해 주는 것이 '왕직' 혹은 '봉사직'이라 할 수 있다. 하느님과 사람들, 특히 하느님 백성들 사이를 이어 주는 이는 예수님이시다. 예수님은 가장 낮고 가장 겸허한 당신의 희생제사를 통해 하느님과 인간, 인간과 인간 사이를 이어 주는 다리가 되셨다. 따라서 교회는 '다리의 원천'이시며 복음 자체이신 예수님의 존재를 선포해야 한다. 이렇게 복음으로써 예수님을 선포하는 것이 바로 교회 직무 중 '예언직'이다.

이렇게 우리는 이 세상에서 '다리의 원천'이신 예수님을 통해 '다리를 건설하는 일', 즉 '복음화'를 추진하는 존재이다. 다리가 건설되어야 한쪽에서 다른 쪽으로 건너갈 수 있듯이 노예의 땅 이집트에서 젖과 꿀이 흐르는 가나안 땅으로 건너감, 인간의 유한함에서 영원한 생명으로 건너가는 '파스카'(Pascha: 해방절, 유월절)가 가능하다. 베네치아의 120여 개 섬을 연결하는 다리들을 돌아보면서 교회 구성원으로서 우리가 완수해야 할 복음화의 사명을 되새겨 보았다. 베네치아에서 4시간여에 걸친 짧은 탐방을 마치고 버스는 밀라노를 향해 달렸다.

Day 9

베네치아로 이동 __ 베네치아 성 마르코 대성당 __
수상택시(리알토 다리) __ 밀라노로 이동

천사들이 나들이하는 날

전날 밤 밀라노의 한 호텔에 투숙한 우리는 아침 일찍 알프스 몽블랑으로 향했다. 알프스산맥은 지중해 연안에서 시작되어 프랑스, 스위스, 이탈리아를 거쳐 오스트리아에 이르기까지 무려 1,200km에 걸쳐 활모양으로 펼쳐져 있다. 특히 몽블랑은 '유럽의 지붕'이라 일컫는 알프스산맥의 산 중에서도 가장 높다(해발 4,807m). 이날 우리 일행은 몽블랑 등정 출발지로 유명한 프랑스 샤모니에서 출발해 브레방 전망대에 올라 몽블랑 전체를 조망하기로 하였다. '몽블랑(Mont Blanc, 흰 산)'이라는 이름이 지닌 아름답고 낭만적인 뉘앙스 때문인지 그곳을 향하는 우리 마음은 벌써 설렘으로 가득 찼다.

어떤 이는 "내려올 산을 뭐 하러 굳이 힘들게 올라가느냐"며

이탈리아 쪽에서 '몽블랑'으로 가는 길. 이날 이탈리아 날씨는 조금 흐렸다.

등산 부정론을 얘기한다. 그러나 산에 오르는 이유는 사람마다 다양할 것이다. 필자 역시 적지 않은 이유로 등산을 예찬하고자 한다. 산에 오르면 무엇보다도 푸른 숲의 내음과 맑은 공기, 아름다운 풍광을 접하게 되어 기분이 상쾌해진다. 아무 잡념 없이 발끝만 보며 한 걸음 한 걸음 오르다 보면 어느새 숨결이 가빠지면서 온몸이 땀으로 흠뻑 젖는다. 정상을 눈앞에 두고 잠시 쉬었다 가고 싶은 생각을 이기고 나면 갑자기 골짜기에서 불어오는 시원한 바람이 온몸을 감싼다. 순간, 그간의 '고생'이 말끔히 사라진다.

산꼭대기에서 빼곡히 들어선 도시의 모습을 물끄러미 내려다본다. 매일 쳇바퀴처럼 돌아가는 일상에서 한 걸음 뒤로 물러나 마음을 비우고 생의 좌표를 점검한다. 약간의 한기가 느껴지기 시작하면 툭툭 털고 일어선다. 어느새 발걸음은 가벼워지고 마음은 평화로워진다. 새로운 한 주를 살아갈 희망과 용기가 재충전된다.

때론 산을 통해 신비를 체험하기도 한다. 필자도 어느 여름 알프스에서 일종의 신비체험을 한 적이 있다. 유학 시절 이탈리아 북부에 있는 '코모 호수'(Lago di Como) 근처 '베니아노'(Veniano) 본당에서 여름방학을 보냈다. 맑은 날에는 그곳에서 알프스의 두 번째 고봉인 '몬테로사'(Monte Rosa) 산이 보인다고 했다. 그러나 늘 안개에 가려 그 산이 보이지 않았다.

가을처럼 서늘한 기운이 돌던 어느 날 아침, 발코니로 나서는 순간 갑자기 눈앞에 '몬테로사' 설산의 위용이 장엄하게 드러났다. 그때 필자는 산이 말을 걸어오는 듯한 신비감을 느꼈다. 산이 "나는 늘 너와 함께 있었노라!"고 말해 주는 것 같았다. 내 눈앞에 우뚝 서 있는 몬테로사산의 모습을 통해 하느님께서 당신의 현존을 펼쳐 보이시는 것 같았다.

산은 변함없이 언제나 그 자리에 있었지만 단지 우리가 그 모습을 볼 수 없었던 것처럼, 하느님께서 당신의 모습을 감추신 것이 아니라 어쩌면 처음부터 늘 그 자리에 계셨는지도 모른다. 하느님은 늘 우리와 함께하시는 '임마누엘 하느님'이시지만 우리 마음의 시야가 각종 마음속 먼지와 안개들로 가려져 하느님을 제대로 발견하지 못한 것은 아닐까? 우리가 과도한 탐욕과 어둠을 내려놓을 때 마치 안개가 걷히고 선명한 산의 모습이 보이는 것처럼 하느님의 현존을 가까이에서 느낄 수 있으리라!

우리를 태운 관광버스가 이탈리아 국경을 넘어 샤모니에 도착했을 때 청명한 하늘과 상쾌한 공기 그리고 아름다운 설경이 우리를 반갑게 맞이했다. 현지 가이드는 환영 인사말을 이렇게 시작했다.

"천사들이 나들이하는 날, 여러분이 몽블랑에 오신 것을 환영합니다."

전남 함평이 고향인 가이드는 1960년대 광부로 독일에 왔고, 지금은 스위스에 정착하여 생활한다고 자신을 소개했다. '천사들이 나들이하는 날'이란 말이 생소한 표현 같아서 그 의미를 물어보았더니 "천사들이 나들이할 때는 하느님께서 천사들의 날개가 젖지 않도록 특별히 매우 좋은 날씨를 허락한다"는 의미라고 답해 주었다.

가이드는 고산지대인 샤모니가 2월인데도 이처럼 청명하면서도 바람 한 점 없이 고요하고 온화한 날씨를 보이는 경우는 매우 드물다고 말했다. 우리 일행도 마치 하느님의 특별한 배려로 나들이 나온 천사가 된 듯 상기된 듯 보였다.

'천사'는 '신과 인간의 중개자로서 신의 뜻을 인간에게 전하고 인간의 뜻을 신에게 전하는 영적인 존재'라는 사전적 의미를 가지고 있다. 필자는 천사의 의미를 '하느님이 내리신 분부를 깨달은 자'라고 정의코자 한다. 우리는 제각기 하느님으로부터 한 가지 소명을 받고 이 땅에 태어났다. 그러므로 우리는 각자 자신이 이 세상에 온 이유가 무엇인지 자신의 고유한 소명을 깨닫는 것이 중요하다고 하겠다. 《톰 소여의 모험》을 쓴 미국의 소설가 마크 트웨인은 개개인에게 주어진 소명의 중요성을 이렇게 표현했다.

> "우리 삶에 중요한 두 날이 있다. 첫 번째 날은 내가 이 세상에 태어난 날이고, 두 번째 날은 내가 이 세상에 왜 왔는지, 그 이유를 깨닫는 날이다."

내가 이 세상에 온 이유와 살아야 할 이유를 알게 되는 날, 바로 그날이 우리가 하느님의 명을 받잡는 날이다. 하느님께서 부여하신 고유한 소명을 깨닫지 못한다면 우리는 그저 끝없이 자신만을 위하고자 하는 이기적인 탐욕의 노예가 될 것이다. 그렇지 않다면 타인의 삶과 자신의 삶을 늘 비교하면서 열등감이나 우월감을 느끼며 남을 이기는 것만을 생의 유일한 목적이라 여기며 각박하게 살 것이다. 그러나 하느님께서 부여하신 각

샤모니에서 바라본 몽블랑. 청명한 하늘과 눈부신 설경이 신비롭게 느껴졌다.

자의 소명을 깨닫고 누구든지 자신의 소명대로 열심히 살아간다면 하느님께서 허락하신 오늘 하루도 특별한 배려를 받게 될 것이다.

우리 일행은 샤모니에서 케이블카를 타고 브레방 전망대에 올랐다. 몽블랑의 만년설이 한눈에 들어왔다. 몽블랑이 뿜어내는 순백의 정기가 전해지는 순간, 마치 신선이 산다는 '선경'의 세계로 들어온 느낌이 들었다. 우리 일행은 제각기 좋은 구도를 잡아 기념사진을 찍느라 정신이 없어 보였다. 카메라 렌즈 속에,

그리고 각자의 가슴속에 이 순간의 감동을 열심히 새겨 넣고 싶어 했다.

대자연의 웅대함과 설산의 비경을 마주하는 순간, 필자는 우리가 죽으면 가게 될 천국의 모습을 그려 보았다. 베드로 사도가 다볼산에서 얼굴은 해처럼 빛나고 옷은 빛처럼 하얘진 예수님의 변모된 모습을 보고 초막 셋을 지어 머무르자고 한 것처럼 (마태 17, 1-9), 은은하게 전해져 오는 따스한 햇볕과 대자연의 위엄이 천국의 소망을 꿈꾸는 필자의 가슴을 출렁이게 하였다. 일행들도 함께 순수한 동심으로 돌아간 듯했다. 우리는 그곳에서

우리 일행은 브레방 전망대에서 몽블랑 정상을 배경으로 기념 촬영을 하였다.

잠시 자연과 일치되는 소위 '물아일체'를 경험하였다. 언제 이곳에 다시 올 수 있을까?

살아생전에 다시 올 기회가 주어지기를 바라면서 케이블카를 타고 하산했다. 그리고 그날 밤 파리행 열차를 타기 위해 제네바로 향했다.

Day 10

밀라노 호텔 __ 프랑스 샤모니 __ 브레방 전망대(몽블랑 바라봄) __ 제네바로 이동 __ 파리로 이동

순교자의 언덕에서

전날 밤 제네바에서 고속철 TGV를 타고 자정 무렵 파리에 도착해 호텔에 들어오니 새벽 1시가 넘었다. 그리고 아침 식사를 마친 다음 곧바로 체크아웃을 했다. 짧은 하루 동안의 파리 일정이어서 주요 성지만 둘러보기로 하였다. 먼저 개선문은 버스에서 잠시 내려 기념사진만 찍고 곧장 '몽마르트르'로 향했다.

'파리' 하면 즉각 떠오르는 상징이 여럿 있다. 에펠탑, 루브르 박물관, 개선문 등. 하지만 신자들에게 파리의 랜드마크는 '몽마르트르'가 아닌가 싶다. 몽마르트르는 서울의 남산처럼 파리 시내를 한눈에 조망할 수 있는 곳으로 남산(해발 245m)보다 낮은 언덕(해발 129m)이지만 그래도 파리에서는 가장 높은 지대이다.

우리에게 '몽마르트르'라는 지명은 왠지 낭만적으로 다가오지만 사실 이곳은 우리나라 '절두산'에 해당하는 순교터이다. 그러므로 낭만적이기보다는 성스러운 곳이다. 3세기 파리의 초대 주교로 프랑스의 수호성인이 된 성 디오니시우스[프랑스어로 생드니(Saint Denis)]가 참수당한 곳으로, 훗날 '몽마르트르'[몽(Mont, 언덕)+마르트르(Martre, 순교자), 즉 '순교자의 언덕'이란 의미]로 불리게 된 것이다.

그런데 이런 순교터에 19세기 유흥과 환락의 거리가 들어서고, 집값이 비교적 저렴해서인지 이곳에 가난한 화가 등 예술인들이 모여들기 시작했다. 이렇게 오늘날 파리 몽마르트르는 종교의 성스러움과 예술의 아름다움, 세속의 쾌락이 한데 어우러진 곳이며, 이는 곧 빛과 어둠이 공존하는 우리 자화상을 반영하고 있다는 생각이 들었다.

몽마르트르 한가운데 예수성심(사크레쾨르) 대성당을 배경으로 기념 촬영을 하였다.

예수성심 대성당(Basilique du Sacré-Coeur)은 몽마르트르 정상 한가운데 있다. 이 대성당이 처음부터 몽마르트르의 대표적인 상징 건물로 자리매김한 것은 아니다. 대성당 건물 자체는 비교적 최근인 1876년 건축이 착공되어 1914년 완공되었다. 대성당은 보불전쟁(1870~1871: 독일 통일을 이루려는 프로이센과 그것을 저지하려는 프랑스 간의 전쟁)과 파리코뮌(1871년 파리 시민과 노동자 봉기에 의해 세계 최초로 수립된 사회주의 자치 혁명 정부)으로 목숨을 잃은 시민군을 위로하고 도덕적 타락에 대한 참회를 위해 지어졌다고 한다. 그런 연유로 예수님의 성스러운 심장이 이 언덕 위에 놓여야 한다는 의미 차원에서 이 성전은 '예수성심'(사크레쾨르)께 봉헌되었고, 그 자체가 성당의 이름으로 명명되었다.

미사 중인 예수성심 대성당 내부 전경(왼쪽)과 '예수성심'의 의미를 설명해 놓은 안내판.

우리 일행은 생피에르 성당에서 주일 오전 10시 30분 미사에 참례하였다. '예수성심 대성당'과 달리 고요하고 아늑한 분위기였다. 프랑스어로 진행된 미사여서 강론 말씀을 알아들을 수는 없었지만 유난히 '뤼미에르'(Lumière, 빛)라는 단어가 귀에 들어왔다.

이날 주일 복음은 "너희는 세상의 빛이다"(마태 5, 14)라는 구절이었다. 우리는 세상의 빛이다. 이는 우리 스스로 근원적인 빛이 아니라 생명의 빛(요한 8, 12)이신 예수 그리스도께서 발하신 빛을 우리가 반사하여 세상을 밝히는 소명을 부여받았음을 의미한다. 빛은 세상의 어두움을 비추어 부정과 부패를 막는 역할을 한다. 그러므로 우리도 진리의 빛을 전함으로써 사람들을 무지의 악과 편견, 공포에서 벗어나게 하고, 밝고 투명하고 깨끗한 정의의 빛을 비춤으로써 이 땅에서 고통과 부당함이 사라지도록 소명을 다해야 한다는 의미일 것이다.

우리가 예수님의 빛을 받아 증거의 삶을 살아갈 때 등불을 켜서 등경 위에 올려놓는 일(마태 5, 15), 즉 빛의 소명을 완수하게 된다. 이날 제1 독서에 나오는 이사야서 말씀은 빛의 소명을 이루는 방법을 전해 주었다.

> "굶주린 이들에게 양식을 내어주고, 목마른 이들에게 마실 것을 주고, 고생하는 이들의 넋을 흡족하게 해 준다면 네 빛이 어

둠 속에서 솟아오르고 암흑이 너에게는 대낮처럼 되리라." (이사 58, 7-10)

이러한 주일 독서와 복음 말씀을 되새기며 주님께 기도드렸다.

'주님! 제가 피 흘리는 순교는 하지 못하더라도 이 세상에 주님의 빛을 전하기 위해 매일 자그마한 희생을 할 수 있고, 특히 사회적 약자들에게 좀 더 가까이 다가갈 수 있도록 용기를 주소서!'

예수성심 대성당보다 더 오랫동안 '몽마르트르'를 지켜 온 성당은 대성당 왼쪽에 위치한 '생피에르 성당'이다. 이 성당은 '예수성심 대성당'보다 700여 년이나 앞선 12세기에 지어졌다. 생피에르 성당은 원래 성 디오니시우스를 기리기 위해 5~6세기에 성녀 제노베파[프랑스어로 생트 주느브에브(Sainte Geneviève)]가 세웠다. 2019년은 419년에 태어난 제노베파 성녀의 탄생 1600주년을 기념하는 해였는데, 성녀는 파리가 역사적인 위기에 처할 때마다 시민들이 그 위기에서 벗어나게 해 주십사 청했던 분이다. 그래서 파리의 수호 성녀로서 파리 시민들의 사랑을 받고 있다고 한다.

성 디오니시우스는 3세기에 갈리아족(기원전 5세기부터 기원후 5

생피에르 성당 정문 위에 성녀 제노베파 탄생 1600년 기념 초상화가 걸려 있다.

세기까지 서유럽과 동유럽에 살던 켈트인)에게 복음을 전파하라는 파비아노 교황의 명을 받고 파리에 파견되었다. 그러나 그의 전교 활동이 당시 프랑스 사회를 혼란케 한다는 죄명으로 붙잡혀 258년 발레리아누스 황제의 박해 때 이곳 몽마르트르에서 참수되었다. 정호승 시인의 〈당신을 찾아서〉에서 "잘린 내 머리를 두 손에 받쳐 들고 / 먼 산을 바라보며 걸어간다……"의 주인공이 바로 성 디오니시우스이다.

구전에 의하면 참수당한 후 성 디오니시우스는 "일어나 잘린 목을 들고 눈이 향하는 곳으로 가라"는 천사의 목소리를 듣고 그 자리에서 일어나 자신의 잘린 머리를 옆에 끼고 '몽마르트르'에서 10km나 떨어진 한 작은 마을까지 걸어갔다고 한다. 그렇게 마을 사람들에게 복음을 전파하다가 해가 서산으로 넘어갈 무렵에야 그대로 쓰러졌다. 바로 그 자리에 지금의 생드니 대성당이 들어섰다. 성 디오니시우스와 관련된 이런 기적과도 같은 일이 오늘날 프랑스의 복음화 결실을 가져온 밀알이 된 셈이다.

필자는 제대가 아닌 신자석에서 미사를 봉헌했기에 제대에 계신 신부님들과 미처 인사를 나누지 못했다. 미사 후 신부님들께 인사라도 해야겠다 싶어 제의실로 찾아갔다. 그곳 신부님들께 한국에서 신자들과 성지순례 온 사제라고 소개하니 반가워하셨다. 또한 필자가 박사학위 논문과 관련하여 몽마르트르에서 꼭 찾고 싶어 했던 장소를 물었더니 자세히 안내해 주셨다.

첨탑처럼 뾰족한 건물이 성녀 제노베파가 3세기에 순교한
성인 디오니시우스를 기리기 위해 처음 세운 경당이다(위).
이곳은 16세기 성 이냐시오 데 로욜라와 그의 동료들이 예수회 창립을
결의한 장소이기도 하다. 이 경당이 이 두 사건을 기념하기 위해
19세기 말 복원되었다는 내용의 표지판이 경당 입구에 붙어 있다.

그곳은《성 이냐시오 자서전》에 나오는 몽마르트르의 '순교자 경당'이었다. 1534년 8월 15일 성 이냐시오 데 로욜라와 그의 여섯 동료가 예수님의 가르침을 따르고자 당시 흔들리는 교회와 세상의 복음화를 위해 자신들을 봉헌했던 곳이다. 즉, 이 경당에서 예수회 창립을 결의한 것이다. 유학 시절 두 번이나 몽마르트르에 왔지만 결국 찾지 못했다. 그러나 이번에 생피에르 성당 신부님들을 통해 마침내 찾게 된 것이다. 경당 문이 닫혀 있어 들어갈 수는 없었지만 그토록 찾던 장소에 오게 되었으니 이번 몽마르트르 순례는 필자에게도 큰 소득이었다. "구하라, 받을 것이다. 찾아라, 얻을 것이다. 문을 두드려라, 열릴 것이다"(마태 7, 7)라는 성경 말씀을 다시 한 번 체험하게 되었다.

몽마르트르 근처 식당에서 점심 식사를 마친 우리는 파리 외방 전교회 본부를 방문하였다. 파리 외방 전교회 본부 박물관 문이 닫혀 있어서 전교회 본부 성당을 대신 둘러보았는데 당시 선교사들의 파견 장면을 담은 그림이 눈에 띄었다. 해외로 파견되는 신부님들이 가족과 마지막 인사를 나누는 장면인 듯 보였다. 그 그림을 보는 순간 가슴이 뭉클해지고 애틋함이 느껴졌다. 당시만 하더라도 선교의 길을 떠난다는 것은 다시는 돌아오지 못할 죽음의 길이었을 것이다. 신부 자신에게는 예수님의 뒤를 따르는 숭고한 길이었겠지만 가족, 특히 부모에게는 얼마나 애통하고 안타까운 일이었겠는가! 자신의 목숨을 아낌없이 바친 그 분들의 선교 덕분에 오늘날 우리나라가 이토록 복음의 꽃을 피울 수 있게 되었고 마음껏 신앙생활을 누릴 수 있게 된 것이리라!

파리 외방 전교회는 우리나라 복음화와 밀접한 관련이 있는 곳이다. 1658년 창설된 이 전교회는 1831년 조선에 처음 진출하여 한국천주교회 초창기 복음화의 주역을 담당하였다.

당시 교황 그레고리우스 16세에 의해 조선교구가 설정되고 초대 교구장으로 프랑스의 브뤼기에르(Barthélemy Bruguière) 주교님이 임명되었다. 당시 브뤼기에르 주교께서는 입국의 많은 어려움으로 1835년 10월 한국이 있는 쪽을 바라보며 만주의 마가자(馬架子) 교우촌에서 눈을 감았다.

그 후 1836년 모방(Pierre Phillibert Maubant) 신부님이 우리나라에 최초로 들어왔고, 1837년 2대 조선교구장 앵베르(Laurent Marie Joseph Imbert) 주교님과 샤스탕(Jacob Honoré Chastan) 신부님이 잇따라 입국하였다. 그들은 '방인사제'를 양성하여 그들에 의해 교회가 운영될 수 있도록 한 '파리 외방 전교회' 방침에 따라 우선 소년 3명을 선발하여 마카오에 유학을 보냈다. 이렇게 하여 1845년 마카오에서 교육을 마치고 사제 서품을 받은 최초의 한국인 사제 김대건 신부님과 두 번째 사제 최양업 신부님이 배출될 수 있었다.

파리 외방 전교회 본부 성당 안에 걸려 있는 그림. 당시 선교지로 파견되는 신부님들이 가족과 마지막 인사를 나누는 장면을 묘사하고 있다.

우리 일행은 파리 외방 전교회 본부에서 나와 그곳에서 멀지 않은 곳에 있는 '기적의 메달 성당'(Chapelle Notre Dame de la Médaille Miraculeuse)으로 향했다. 기적의 메달 성당은 성모님 발현지로 알려지면서 많은 신자가 끊임없이 찾아와 기도드리는 곳이다. 1830년 7월 18일 저녁 카타리나(Cathérine Labouré) 성녀께서 처음 성모님의 발현을 목격하였고, 그 해 11월 27일 성모님께서 성녀에게 다시 나타나셨다. 성모님께서는 카타리나 성녀에게 이렇게 말씀하셨다고 한다.

"네가 보는 이 지구본은 세계를 상징한다. 나는 세계를 위하여, 또 이 안에 사는 모든 사람을 위하여 기도한다. 이 빛은 내게 전구하는 사람들에게 내려 주는 은총을 의미한다. 그러나 많은 사람이 이 은총을 받지 못하는데, 전구하지 않기 때문이다."

이렇게 성모님께서는 우리에게 은총을 청하라고 했는데도 우리는 성삼위 하느님께, 그리고 성모님께 그러지 못할 때가 많다. 우리에게 가장 소중한 은총이 무엇인지 잘 깨닫지 못하고 있는 데다가 우리의 바람대로 이루어질 수 있을까 하는 의구심 때문일 것이다.

우리 일행은 잠시 카타리나 성녀가 성모님을 만났던 경당에서 성모님의 전구를 통해 하느님의 은총을 빌었다. 그리고 성지순례에 참여하지 못한 지인들에게 나누어 줄 기념품으로 기적의 메달을 구입하였다. 이 기적의 메달은 카타리나 성녀께서 성모님의 요청에 따라 만들기 시작한 것이라고 한다.

우리는 파리에서의 마지막 방문지로 에펠탑이 잘 보이는 인근 공원에 들러 기념사진을 찍으며 잠시 휴식을 취한 다음, 마침내 성지순례의 대단원을 마무리하고 귀국길에 올랐다.

성당 안뜰에 있는 성모님 발현과 카타리나 성녀의 모습을 표현한 조각상(위). 왼쪽은 카타리나 성녀에게 보여 주신 지구본을 받쳐 든 성모상과 그 아래 카타리나 성녀의 유해가 모셔진 유리관. 성녀의 유해는 발굴 당시 부패되지 않은 상태였다고 한다.

귀국 후 인천공항에서 저녁을 먹고 마지막 기념사진을 찍었다.
긴 순례여행에도 불구하고 일행들의 얼굴이 밝아 보였다.

Day 11

파리호텔 _ 개선문 _ 몽마르트르 언덕 _ 예수성심 대성당 _
생피에르 성당 _ 몽마르트르 순교자 경당 _ 파리 외방 전교회 본부_
기적의 메달 성당(카타리나 라부레 성녀) _ 공원(에펠탑 배경 기념사진) _ 귀국

주 너희 하느님 안에서 즐거워하고 기뻐하여라.

(요엘 2,23)

행복한 11일간의 치유 여행

김평만 유스티노 신부

11일간의 '이탈리아 성지순례기'를 탈고하면서 책 제목을 무엇으로 정할까 고심했습니다. 출판사로부터 "'치유의 순례기'로 하면 어떻겠는가?"라는 제안을 받고 곰곰이 생각해 보니 제 졸저의 핵심을 적절하게 잘 표현한 제목이라고 여겨졌습니다. 이번 성지순례 동안 그리고 순례기를 집필하면서 가장 강조하고 싶었던 핵심 주제어가 '마음과 영혼의 치유'였기 때문입니다.

'치유'란 하느님의 사랑을 깨닫고 먼저 자기 자신부터 용서하고 받아들이며 이웃과 서로 통합되지 못한 마음, 분열된 마음을 극복하고 온전한 사랑에 이르는 상태를 말합니다. 저는 이번 성지순례 기간 내내 제가 그간 잊고 있었던 과거 유학 생활을 통해 받았던 수많은 은총의 시간들을 새삼 돌이켜 보았습니다. 그리고 그 유학 생활은 제 마음과 영혼이 치유되는 시간이었습니다. 특히 제 박사학위 지도 신부님과의 만남을 통해 당시 제가 받았던 은총의 경험이 오늘 사제로서 가야 할 올바른 삶의 이정표가 된 것 같습니다. 그중에서도 매주 정례적으로 영성 지도받기, 로마 성당 및 성지 순례하기, 논문 쓰기 같은 3가지 과제는 주님의 은총 안에서 저의 과거 굴곡진 삶을 반성하고 제 마음과 영혼의 상처를 치유하며 하느님께로 향하는 길을 발견할 수 있도록 인도하였습니다.

좀 더 실질적으로는 제 과거 유학 시절의 다양한 체험 덕분에 이번 순례도 성공적으로 마칠 수 있었다고 생각하니 더욱 감사한 마음이 듭니다. 과거 이미 몇 차례나 다녀온 순례 코스들을 좀 더 자신 있고 의미 있게 우리 일행들에게 안내할 수 있어서 참 뿌듯했습니다. 20년간의 인연을 소중히 여기며 한결같이 저를 사랑해 주신 과거 수유동 주일학교 어머니 선생님들의 은혜에 조금이나마 보답하는 기회가 되었기를 바랍니다.

비록 이번 순례가 성인들이 감내했던 '수행과 고난의 코스'는 아니었지만 나름대로 순례를 하면서 예수님과 성모님, 그리고 많은 성인을 만날 수 있었습니다. 가는 곳마다 그분들이 남긴 삶의 향기와 발자취를 느끼며 시공을 넘어 깊은 위안과 치유의 경험을 얻을 수 있었습니다. 그리고 더 나아가 관성에 빠진 일상의 삶을 새롭게 해 나가려는 열망이 생겨났습니다.

순례하는 동안 우리는 무엇보다도 하느님의 배려와 은총을 체험하였습니다. 이탈리아의 1, 2월 날씨는 여행하기에 별로 기대할 것 없는 비수기에 해당하지만 놀랍게도 가는 곳마다 감탄이 절로 나올 만큼 쾌청한 날씨가 이어져 순롓길이 더욱 축복받은 것으로 느껴졌습니다. 일행 중 그 누구도 아프거나 난감한 일을 겪지 않았으며, 서로를 격려하고 배려하는 가운데 기쁨과 은혜로 충만한 순례의 여정을 무사히 마칠 수 있었습니다. 하느님으로부터 이러한 과분한 축복과 배려를 받은 것은 6년간 성지순례를 위해 기도해 주시고 계를 들어 목돈을 준비해 오신 선생님들의 염원에 대해 하느님이 응답하신 것으로 여겨졌습니다.

여행 중 '코로나바이러스감염증-19(COVID-19)' 팬데믹으로 인해 타지에서 봉쇄되는 등의 위험천만한 상황은 간발의 차이로 무사히 피할 수 있었지만 귀국하고 얼마 후부터 전개된 이탈리아 코로나 상황을 접하면서 마음이 많이 아팠습니다. 코로나로 목숨을 잃은 분들의 영혼이 주님 품 안에서 영원한 안식을 누리시기를 바라며, 가족을 잃은 상실의 슬픔과 허망함 속에 살아가는 유가족들의 마음을 하느님께서 어루만져 주시기를 기원할 뿐입니다.

사실 이 책을 발간키로 마음먹은 데는 특별한 사연이 있습니다. 2017년 5월 서울교구 대방동성당 특강에 갔을 때 어느 발달장애아를 둔 어머니께서 저에게 했던 하소연이 제 마음에 계속

남았습니다.

"신부님! 제 나이가 지금 일흔인데 앞으로 점점 더 나이가 들면 어떻게 제 아이를 돌보아야 할지 막막합니다."

그때는 경황이 없어 그분이 하시는 말씀의 무게를 제대로 깨닫지 못하다가 그날 밤 잠자리에 드는데 그 어머니께서 제게 하신 하소연이 다시 떠올랐다. '그 어머니는 그 자녀를 낳고 어느 하루 맘 편히 사실 수 있었겠는가! 또한 연세가 일흔쯤 되면 여느 부모님들처럼 자녀의 효도를 받으셔야 하는데 자신이 죽는 순간까지 자녀를 걱정해야 하는 상황. 그 어머니는 과연 당신 자녀를 이 세상에 두고 편안한 마음으로 하늘나라에 가실 수 있을까?' 하는 애처로운 생각이 스쳤습니다.

그 일을 계기로 사제가 된 후 처음으로 발달장애아 부모들의 심정을 피상적으로나마 이해해 보고자 노력하게 되었습니다. 그리고 발달장애아들의 자활을 위해 제가 할 수 있는 일이 무엇인지 고민하게 되었습니다. 이들 부모의 슬픔을 위로해 주시고 고민을 해결해 주시기를 주님께 간절히 기원합니다. 그런 취지에서 발간하게 된 이 책이 그분들이 염원하는 발달장애인 자활센터 건립에 자그마한 도움이 되었으면 좋겠습니다.

후기

가톨릭의대에서
김 신부님과 함께

남호우 스테파노
(가톨릭의과대학 교수, 기생충학)

김 신부님과의 첫 만남은 12년 전 강촌에서 열린 '의과대학 기초교수연수' 때였다. 버스에서 내리던 중 앞쪽 자리에 지갑이 떨어져 있어 신분증을 확인하니 처음 보는 성함이었다. 지갑을 돌려드리면서 새로 오신 교목실장 신부님을 뵙게 되었다. 당시에도 내 원로교수급 외모 탓이었는지 예를 표하시면서 지갑을 받으시는데 조금은 '시골 출신' 같은 느낌이었다.

성탄절이 지나고 그해가 다 갈 즈음 의과대학 교직원으로 구성된 사목회 교육분과 송년 식사 모임에서 신부님을 두 번째로 뵈었다. 이름만 있고 활동이 없던 사목회를 분과별로 모일 수 있게 자리를 만들어 조직을 활성화시키는 신부님의 특출한 재능의

산물이었다. 신부님께서는 그때 이미 새로이 시작하는 의학전문 대학원 교육과정에서 인성교육과 의료인문학을 목표로 하는 옴니버스 교육과정의 책임교수를 맡아 교육과정 개발에 헌신하고 계셨다. 이 교육과정은 교수 40여 명이 참여하여 개발했는데 결코 쉽지 않은 일이었다. 그럼에도 불구하고 신부님은 특유의 뚝심과 리더십을 발휘하여 옴니버스 교육과정 개발을 성공적으로 이루어 내셨다.

이 교육과정의 하나로 '사회체험실습'이 있는데 음성 꽃동네 봉사가 주요 활동이며, 학생들이 봉사활동을 원만하게 진행하기 위해서는 교수들이 동반되어야 한다는 말씀에 교육분과 소속 교수들이 함께하기로 하였다. 이후 정년퇴임을 하거나 일정이 바빠 참여하지 못하는 교수들이 있었지만 꾸준히 10회 참여하여 학생들과 함께할 수 있었다(올해는 코로나19 때문에 현지 봉사 불가). '나'만을 생각하며 살아온 일생에서 잠깐이나마 '우리' 혹은 남에게 봉사할 수 있는 기회를 주신 신부님께 감사드리며, 부산물로 우수교수상도 하나 얻게 되었다.

지금은 별관의 의료원 보직자실에서 지내시지만 6년 전까지는 교수연구실이 본관의 같은 층에 있어 자주 뵐 수 있었다. 사제로서의 책무, 의료원과 대학의 보직 활동 및 학생 교육으로 뛰어다니시는 중에도 '전진하지 않으면 퇴보다'라는 생각이 짙으신 신부님은 뭔가를 열심히 설계하고 계신다. 요 몇 년은 의과대학과 의료원 보직 일들로 바쁘게 사시는 중에도 여분의 시간을 내시어 프란치스코 교황님의《찬미받으소서》문헌을 연구하시고, 지구 생태환경 문제와 사회문제, 그리고 우리 영혼의 문제를 풀기 위해 고심 중이시다.

이번에 김 신부님이 머무셨던 수유동 초등부 주일학교 교사들과 함께한 성지순례에 개인적으로 초대받아 참여하게 되었다. 이번 성지순례는 20여 년 전 세례를 받고는 그저 무덤덤하게 지내 온 신앙생활이 크게 변화하는 계기가 되었다.

지난 두 해 동안 1년에 딱 한 번 휴가라는 시간을 낼 수 있는 신부님과 6월 마지막 주에 여행할 기회가 있었다. 사도 베드로와 사도 바오로의 축일이 있는 주였다. 여행 중 아침마다 신부님이 드리는 미사에 앞에 또는 옆에 앉아 있었지만 특별히 두 사도의 축일의 큰 의미를 알지 못한 채였다. 보통의 신부님들도 성당에 나온 신자를 보면 신앙이 두터운 분인지 아닌지 바로 알 거라 생각된다. 로마 그레고리안 대학에서 6년간 수학하면서 영성신학 석박사 학위를 따신 신부님이, 평상시 학교생활에서나 신부님과 드리는 미사 시간에 공허하게 몸만 와 있는 나를 보시고 어떻게 생각하셨을지 짐작해 본다.

하지만 성지순례를 다녀온 지금 나 자신은 많이 변화되었다. 순례를 다니면서 보고 들은 것과 아침 미사 때마다 신부님이 현장감 있게 강론해 주신 것, 그리고 다녀와서 복습하는 사이에 사도 바오로와 사도 베드로의 대축일의 의미를 알게 되었고, 순례 중 생일을 맞아 어릴 적 생일날 물에 빠진 아이를 구해 준 이가 베네딕도 성인이었음도 알게 돼 그분을 새롭게 나의 수호성인으로 삼게 되었다. 그 외에도 2000년 동안 수많은 성인들의 순교와 희생이 있었음을 알게 되었다. 지금은 출근하면 매일 미사를 열어 그날의 복음 내용을 이해하고자 노력 중이다. 이번 성지순례에 동참할 수 있도록 기회를 주신 신부님께 다시 한 번 감사드리며, 초보 신앙인이 '주님'을 영접하는 그날까지 지도해 주실 것이라 믿는다.

외형 위주의 순례보다는 영성적 요소를 알맞게 소개한 순례기를 써 주신 신부님! 감사합니다. 그리고 성인들의 발자취를 따라가는 신앙의 긴장과 그 긴장을 적절히 해소해 주는 명소들로 이루어진 새로운 성지순례 루트(유스티노 루트)를 개설해 주십시오.

순례기를 읽으면서 제 신앙이 더욱더 깊어지기를 기대합니다.

김 유스티노 신부님과의 추억을 회상하며

노종숙 사비나 수녀
(인보 성체 수도회)

IMF 금융위기가 시작되면서 경제가 어려워지자 1998년 국민들은 금을 모아 국가를 살리는 데 앞장섰다. 그 시기에 필자는 김 신부님과 함께 수유동성당 초등부/중고등부 주일학교 담당 수녀로 일했다.

금융위기는 교회에도 영향을 미쳐 어디로 가야 할지 모르는 위기의 국민들처럼 신앙생활을 하는 중고등학생들에게도 신앙의 이끄심이 개인으로나 공동체적으로 필요한 시기였다. 당시 김 신부님이 미사 시간에 녹음기를 준비해 달라고 하셔서 제대 옆에 놓아두었다. 김 신부님은 〈이집트 왕자〉의 OST 한 부분을 직접 부르시면서 중고등학생들에게 강론을 시작하셨다.

1998년 개봉한 〈이집트 왕자(The Prince of Egypt)〉는 미국 최초

의 전통 애니메이션(셀 애니메이션) 영화다. 브랜다 채프먼, 사이먼 웰스, 스티브 히크너가 감독을 맡은 이 영화의 원전은 구약성경의 《출애굽기(The Exodus)》이다.

김 신부님은 머라이어 케리와 휘트니 휴스턴의 아름답고 애절한 노래에 당신의 목소리를 얹어 우리에게 〈이집트 왕자〉 OST를 불러 주셨다. 그리고 그 OST의 한 대목 "'네가 믿는다면(When you believe)' 기적도 해낼 수 있다"라는 주제로 강론하셨다. 그때 그 희망의 강론이 당시 어려움을 겪고 있던 학생들에게 그리고 아직도 내 가슴에 여운으로 남아 있다.

또 하나의 강론

옛날 옛적에 집으로 가던 소년이 깊은 산속에서 길을 잃고 헤매고 있는데 눈까지 쏟아져 도무지 집을 찾을 수 없었다. 두려움에 질려 한참을 돌아다니던 소년 앞에 한 줄기 빛이 비쳤다. 늦게까지 돌아오지 않는 자신을 찾아 나선 아버지가 들고 오시는 등불이었다. 하느님의 말씀을 담은 성경은 이렇게 우리들의 삶에 빛이 되어 주고, 등대가 되어 주고, 우리에게 생명을 주는 책이다.

이것은 첫 영성체 교리 하는 어린이들의 성경 수여식에서 신부님이 해 주신 강론이다. 처음으로 자기 이름의 성경책을 갖게 되는 어린이들에게 주는 정말 아름답고 감명 깊은 강론이었다.

그때 어린이 미사에 참석한 많은 어린이들은 떠들기만 하는 것처럼 보였지만 실제로는 강론을 다 듣고 있었고, 질문을 하면 대답도 곧잘 하곤 했다. 강론 후에 퀴즈를 내서 맞히는 어린이들에게 상품을 주기도 하여 어린이 미사가 활기찼었다.

교사들과 함께

유명산 아래 별장에서 진행되는 교사 피정을 준비하면서 한 번도 집을 떠나 보지 않았던 교사의 남편을 설득해서 교사 피정에 갈 수 있도록 하시는 신뢰감, 학암포에서의 하계 수련회 교사 연수……. 우리는 짧은 기간이었지만 신부님과 많은 추억을 쌓았다. 김 신부님은 교사들과 함께 어린이 교육을 위해 헌신 봉사하고, 어머니 교사들을 신앙으로 이끄시는 분이었다.

교사들은 20년 동안 가끔 만나서 어떻게 지내는지, 자녀들은 어떻게 커 가는지, 영성 신앙생활은 어떤지 이야기를 나누었다. 나도 참석할 때마다 나의 당면문제, 고민 등을 나누었는데 그렇게 나눔에 참여할 때마다 답을 얻거나 깨닫게 되거나 하는 특이한 체험을 하였다. 자신을 진솔하게 드러내면 그 안에 하느님으로 채워진다는 것을 느끼는 시간이었다.

서로에게 거울이 되어 준 시간

본당에서는 사순절을 보내고 부활절을 맞으면 같이 사목하며 고생한 평신도, 수도자, 성직자들이 '엠마우스'라는 이름으로 단체 연수 비슷한 것을 가던 시절이었다. 같이 활동하면서 지나온 시간들에 대한 노고를 위로하고 이야기도 나누며 격려하는 시간이었다.

늘 신자들을 챙기고 또 우리 수녀들도 세심히 챙겨 주시는 신부님이었는데 휴게소에서 잠깐 휴식하는 시간에 누룽지 한 봉지를 사 오셔서는 우리가 옆에 있는데도 평소와 달리 먹어 보라는 이야기도 없이 당신만 혼자 먹고는 그걸 가슴에 안고 쿨쿨 주무시는 게 아닌가? 그 후 신부님이 로마로 유학을 떠나시고 나도 그 본당을 떠나 다른 소임을 하던 중 신부님 생각이 나서 누룽지를 사서 소포로 보냈다. 그런데 신부님이 이런 엽서를 보내오셨다. "자신을 잘 이해해 준 사람이라서 기분이 좋았다"고. 그리고 "그렇게 말해 주는 사람이 없었는데 자기를 보게 해 주어서 고마웠다"고.

그렇게 우리는 서로의 뒷모습을 보아 주고 아픔을 잘 이해해 주는 거울이었다고 할까!

그리고 20년이 지난 후

2020년 2월 우리는 성지순례를 같이 가게 되었고, 폼페이와 수비아코, 몬테카시노에서 수도원의 뿌리에 대해 깊이 알 수 있었다. 아시시에서 프란치스코 성인의 무덤이 지하성당에 조금

높이 있었는데 그 난간에서 신자들이 기도하고 있었다. 스승 예수회 수녀님으로 보이는 분도 그 난간을 잡고 너무나 간절하게 기도하고 계셨다. 무엇을, 누구를 위해 저토록 간절히 기도하시는 걸까? 그런데 김 신부님이 그 옆으로 가서 무릎을 꿇고 같이 기도하시는 게 아닌가? 나 역시 무덤에 손을 대고 간절히 기도했다.

20년 동안의 김 신부님과의 인연

송수임 스텔라
(수유동성당 전 초등부 주일학교 교사)

김 유스티노 신부님과 함께하는 이탈리아 성지순례를 손꼽아 기다리길 몇 년, 드디어 출발하는 2020년 1월 30일은 설렘과 떨림으로 가득 차 잠을 거의 이루지 못하고 뜬눈으로 아침을 맞이하였다.

코로나19의 여파로 순례를 할 수 있을까 걱정이 들면서도 마스크를 쓰고 공항으로 출발하였고, 공항에서 함께 순례하실 분들과의 짧은 미팅 후 앞으로의 모든 일을 주님께 맡기기로 생각하고 로마로 향했다.

호텔 신부님 방에서 순례를 시작하는 첫 번째 새벽 미사를 드리면서 '오랫동안 기다렸던 신부님과 함께하는 순례가 드디어 시작되는구나' 하는 생각에 울컥했다. 그리고 앞으로의 모든 일정이 주님의 뜻이 함께하는 시간이길 기도드렸다.

제일 먼저 방문한 곳은 폼페이였다. 이전부터 꼭 가 보고 싶었던 곳이어서 사진 찍느라 가이드 설명을 놓치곤 했지만 시간을 거슬러 올라가 내가 폼페이 시민이 되는 기쁨을 누려 보았다. 카타콤바 지하동굴에서 드리는 미사는 순례의 참의미를 느끼게 하였고, 2월 14일 치릴로와 메토디오 성인들의 축일날 신부님이 성인들이 무슨 일을 했는지 질문하시기에 깜짝 놀라기도 했다. 두 성인의 축일을 통해서 다시 클레멘스 성당을 기억할 수 있게 되었다.

유스티노 신부님과 함께하는 순례였기에 모두가 지치지 않고 다음에 펼쳐질 순례를 즐거운 마음으로 기다릴 수 있었다. 또 신부님께서 매일 순례기를 써 주셔서 다시 순례를 하는 축복도 누렸다.

며칠 전 예전 주일학교 때 우리 본당에 계셨던 수녀님께서 추억의 사진을 보내 주셨다. 수유동성당 시절 초등부 교사 교육을 끝내고 혜화동에서 신부님과 함께 찍은 사진이었는데 20여 년 전 풋풋한 모습을 보면서 신부님과의 인연을 떠올렸다. "우리 만남은 우연이 아니야"라는 노래 가사처럼 우연을 가장한 운명의 만남이 이루어졌다.

여러 분에게 초등부 주일학교 교사를 맡아 달라는 추천을 받았지만 본인의 능력이 부족하다고 생각하기에 여러 해 거절하였다. 1999년 당시 이 마리아 교감선생님의 추천에도 "안 돼요"라고 말하려고 했으나 웬일인지 입으로는 "생각해 볼게요" 이렇게 대답하는 것이 아닌가. '내가 뭐래?' 깜짝 놀라 일주일 내내 고민하다가 드디어 유스티노 신부님과 면담하게 되었다. 면담하는 내내 마음이 편했고, 주님께서 이끌어 주심에 교사를 해야겠다는 마음이 들어 그때부터 신부님과의 만남이 시작되었다

어린이 미사 시간에 장난꾸러기 아이들을 있는 그대로 봐 주시고 사랑으로 감싸 주시던 모습. 그래서 어린이 미사가 늘 즐겁고 사랑으로 넘쳤던 성당. 어머니 교사들의 힘든 점을 어찌 그리 잘 아시고 힘이 되어 주시던지……. 그래서 신부님과의 인연이 지금까지 지속되고 있는 것 같다.

이탈리아 공부를 마치고 돌아오신 후 처음 만나 북한산 인수봉을 오르면서 예전 하산길에 잠시 한눈을 팔아 다리를 다친 사연을 말씀하셔서 함께 웃었던 생각이 나고, 청계산을 등산하면서 먹었던 아이스크림과 로마 길거리에서 먹었던 그 맛있는 레몬 아이스크림이 그리워지고……. 신부님께서는 먹거리의 중요함을 이미 알고 계셨던 것 같다.

그리고 상주로 사과 따러 간다고 즐겁게 나섰던 길이 내 운명을 바꾸는 계기가 되었다. 평상시의 삶처럼 취미와 여가를 즐기며 사는 생활이 아닌 봉사하는 길로 들어서게 됐는데 내가 알지 못했던 나의 끼와 능력을 신부님께서 일깨워 주신 것이 아닌가

생각해 본다.

1999년 수유동성당 주일학교 교사로 시작된 만남이 지금까지 이어져 왔듯이, 신부님과 함께한 이탈리아 성지순례를 시작으로 다음 순례가 계속 이어지기를 바라며 수유동성당 교사들은 지난 달부터 다시 계를 시작하였다.

이탈리아 성지순례를 다녀오기 전인 2019년 12월부터 코로나19가 조금씩 퍼져 나가기 시작했다. 우리가 순례 중이던 2020년 2월 초에는 그렇게 심하지 않다고 생각했고, 게다가 발원지인 중국에서 사람들의 이동을 막아 관광지에 사람이 적었기에 마냥 좋다고만 생각했다. 그러나 이후 전 세계적으로 범람하는 바이러스 대유행(팬데믹)을 지켜보며 그동안 우리가 일상이라 생각하던 거의 모든 것들이 달라지고 있음을 느낀다. 우리가 다녀온 이탈리아 지역들이 봉쇄되고, 교황님께서 질병을 이겨 내자고 성 베드로 대성당에서 미사를 집전하시는 모습을 보며 일상의 소중함을 다시 생각해 본다. 다음에 성지순례를 떠나게 될 때는 이전과 같은 일상을 되찾을 수 있기를 기도한다.

유스티노 신부님과 이탈리아 성지순례를 다녀오고

장영섭 대건안드레아
(가톨릭대학교 직장예비군대대장)

충청도 솔뫼가 고향인 저는 ROTC 장교로 12년간 전국 각지를 돌며 군 복무에 임했습니다. 주일이면 병사들과 함께 성당에서 미사를 드렸는데 하루는 제가 중대장 때 함께 근무했던 신학생이 사제가 되어 찾아와 밤새워 이야기를 나누었던 기억이 있습니다.

큰딸(아네스)이 초등학교에 입학했을 때 저는 군 생활을 접고 취업 시험을 준비했습니다. 그때 가톨릭대학교 예비군 대대에 공석이 있다는 소식을 듣고 '하느님의 부르심'이라는 생각으로 응시하였고, 2008년 7월 가톨릭대학교에 입사하였습니다. 학교에는 교직원들의 신앙생활을 위하여 신부님께서 교목실에 상주하고 계셨는데 매일매일 출근하면서 정이 많으신 김 신부님을 뵈올 수 있어 참 좋았습니다.

그러다 2013년 1월 26일부터 2월 3일까지 8박 9일간 성의교정 교목실이 주관하는 이스라엘 성지순례를 갔습니다. 당시 교목실장이셨던 김 신부님이 인솔하셨습니다. 이스라엘 성지순례를 하면서 예수님은 성경 속에 문자로 계신 분이 아니고 성지 곳곳에 살아 숨 쉬고 계신다는 것을 느꼈습니다.

김 신부님께서는 성지에서 매일매일 미사를 봉헌하셨는데 신부님의 영성적인 강론이 참 인상적이었습니다. 예수님께서 베드로 사도에게 수위권을 넘겨주신 베드로 수위권 성당, 빵과 물고기의 기적 기념 성당, 주님 탄생 성당, 주님 기도문 성당, 최후의 만찬 기념 성당 등 모든 곳에 주님이 살아 계심을 직접 보여 주셨고, 특히 주님 무덤 대성전(골고타 언덕)에서는 예수님께서 숨을 거두신 십자가 틀에 직접 손을 넣을 수 있는 기회를 주시어 주님을 뵙도록 해 주셨습니다.

예수님이 태어나신 마구간부터 이스라엘이 로마에 멸망하여 나라 잃은 민족이 되었던 최후의 항거지 마사다 요새에 이르기까지 모든 성지와 역사의 현장을 가슴속에 넣고 귀국한 후 성령 충만한 하루하루를 보냈었습니다. 그러던 중 이번에 김 신부님께서 과거 수유동 초등부 주일학교 교사들과 함께하는 이탈리아 성지순례에 초대해 주셨습니다. 우리 부부는 7년 전 신부님과 함께했던 성지순례가 너무 좋아서 망설이지 않고 참여하겠다고 응답했습니다.

이번 성지순례의 큰 줄기는 로마 베드로 성당을 중심으로 남북으로 긴 이탈리아 전체를 순례하되, 버스로 이동하면서 체력을 보충하고 중간중간 숙박을 하며 꼭 들러야 할 성지를 둘러보는 것이었습니다. 이탈리아는 신부님께서 6년간 공부하셨던 곳으로 곳곳의 성지와 유적지들을 전문 가이드 수준으로 잘 알고 계셨습니다. 신부님께서는 아말피 해안가의 멋진 절벽과 피렌체 피에솔레 언덕의 노을 지는 석양을 제 가슴에 물들여 주셨습니다. 또한 로마 유학 시절 알게 된 음식점의 호박꽃 튀김 요리와 고속도로 휴게소의 이탈리아 커피, 로마의 젤라토(이탈리아 아이스크림) 등을 맛보게 해 주셨는데 이는 평생 잊을 수 없는 맛이었습니다.

이번 순례에서 이탈리아 유적만 보고 왔다면 하느님께서 만드신 아름다운 세상을 다 이해하지 못했을 것입니다. 순례의 마지막 코스는 프랑스와 이탈리아의 경계에 있는 샤모니 몽블랑이었습니다. 이탈리아 성지순례에 왜 몽블랑을 가는지 의아했지만 인간이 만든 건축물은 세월의 흔적에 무너지고 흩어지지만 하느님께서 만드신 대자연은 영원무궁하다는 것을 깨닫게 되었습니다. 신부님께서 끝없는 알프스의 대자연 앞에서 하느님을 찬양하는 겸손함을 보여 주신 것입니다.

성지순례 후 코로나19로 대학 수업이 온라인 강의로 대체되면서 인문사회 과목을 가르치시는 신부님께서는 변화된 수업 방식으로 바쁜 시간을 보내셨습니다. 이러한 일상 중에서도 성지 순례기를 완성하시어 이렇게 《치유의 순례기》를 발간하셨습니다. 대단한 의지를 지니신 분이 아닐 수 없습니다. 이런 신부님의 열정과 영성이 스며들어 있는 순례기의 한 장을 제가 함께할 수 있어서 영광입니다.

로마의 대성당들은 성당 본체가 있고 성당 내부에 각각의 특색이 있는 경당들이 있습니다. 순례를 마치고 귀국하면서 언젠가 신부님을 위하여 경당 하나 지어 드리고 싶다는 소망을 가져보았습니다. 그런 날을 기대하면서 신부님의 영육 간 평화를 기도드립니다.

이 책의 저자 김평만 신부님께서는 〈EH 사회적 협동조합〉에서 추진하는 '발달장애인 자활센터'(가칭) 건립을 위해 이 책에서 발생되는 인세 및 수익금을 기부하기로 약정하셨습니다. 진심으로 감사드리오며, 발달장애인들을 위한 자활센터 건립에 도움을 주실 분은 아래 계좌로 후원해 주시면 고맙겠습니다.

EH 사회적 협동조합 이사장 남호우 배상

후원계좌 : 우리은행 1005-204-013747
예금주 : 이에이치 사회적 협동조합

※ 문의사항은 〈EH 사회적 협동조합 사무국〉으로 연락바랍니다.
www.ehsocialcoop.net
이메일 ehsocialcoop@naver.com
전화 010-4441-1530